生活因阅读而精彩

生活因阅读而精彩

职场素质培训丛书

态度，比制度更重要

全球500强企业优秀员工素质修炼课

一平 ◎ 著

中国华侨出版社

图书在版编目(CIP)数据

态度，比制度更重要 / 一平著. —北京：中国华侨出版社，2014.10

（职场素质培训丛书）

ISBN 978-7-5113-4931-6

Ⅰ.①态… Ⅱ.①一… Ⅲ.①成功心理-通俗读物 Ⅳ.①B848.4-49

中国版本图书馆CIP数据核字(2014)第227926号

态度，比制度更重要

著　　　者 /	一　平
责任编辑 /	文　筝
责任校对 /	志　刚
经　　　销 /	新华书店
开　　　本 /	787毫米×1092毫米　1/16　印张/17　字数/243千字
印　　　刷 /	北京建泰印刷有限公司
版　　　次 /	2014年11月第1版　2014年11月第1次印刷
书　　　号 /	ISBN 978-7-5113-4931-6
定　　　价 /	32.00元

中国华侨出版社　北京市朝阳区静安里26号通成达大厦3层　邮编：100028
法律顾问：陈鹰律师事务所
编辑部：(010)64443056　　64443979
发行部：(010)64443051　　传真：(010)64439708
网址：www.oveaschin.com
E-mail：oveaschin@sina.com

前 言

你是否曾在追寻梦想的道路上踟蹰不前？是否也曾摆脱不掉对未知的恐惧？在短暂的一生中，我们羡慕着别人的风光无限，也渴望着对自己的生活作出改变，但又是什么让我们行动时如此艰难？唯一的答案就是：态度。

困难是人生的常客，就像一场暴风骤雨，不期而至，让人措手不及。没有人愿意生活在困境的阴影之中，但若要沐浴阳光，首先要做的就是用一种积极的态度直面困难。面对困难，我们应该坦然接受，全力克服。如此，生命将会达到一个全新的高度。一种积极的态度改变的往往不只是自己，更是周围的人。当我们释放出自己能量的时候，也会无意中把这种能量传递给周围的人；当我们不再惧怕困难的时候，困难就会成为不断成长的台阶。

有人说，态度决定行为，行为决定习惯，习惯决定命运。每个人都知道态度很重要，所谓态度决定一切。

但实际上，态度是一个非常宽泛的概念，它是个人内心的一种潜在意志，是个人的能力、意愿、想法和价值观等的外在表现。很多人也知道在困难面前需要良好的态度，但具体的态度究竟是什么，没人能给出准确的答案。说到底，如果不把困难细分，把态度具体表现出来，那态度决定一切只能是美丽而硕大的彩色泡沫。

在工作中，激情投入与麻木呆滞是两种完全不同的态度，这决定了对待工作是尽心尽力还是敷衍了事，是安于现状还是积极进取。在企业中，每个人都有自己的工作态度，有人勤勉进取，忙碌热情，精神饱满，积极寻求解决问题的办法；有人悠闲自在，得过且过，按部就班，职责之外的事情一概不理，不求有功但求无过；有人牢骚满腹，悲观失望，抱怨他人与环境，整天生活在负面情绪当中，完全享受不到工作的乐趣。

一位伟人曾说过："你的心态就是你真正的主人。"你的态度如何，在一定程度上已决定你是失败还是成功。要改变现状、克服困难，首先要做的就是端正态度，没有正确的态度，一切就无从谈起。有了某种态度不一定就能成功，但成功的人都有着一些相同的态度。

态度如水，水善利万物而不争。生命就像一条大河，大河平静地流入大海，将是一个长久的历程。在不断前行的道路上，两岸的桃花可能会给我们带来诱惑，突然的暴风雨会让我们感到恐惧，但只要有着心向大海的态度，穿过悬崖峭壁，最终一定会到达成功的彼岸，春暖花开。

心怀梦想的人是可敬的，但要想把执着的梦想变成实实在在的现实，除了努力、除了机遇，更需要的是一种态度。有舍我其谁的态度，有绝不放弃的态度，有得失随缘的态度……这样的我们才能活得舒心、活得潇洒、活得淡然、活得精彩……

目录
CONTENTS

乐观积极的态度 / 第一章
简单，乐活

- ◎ 生活不会永远那么糟糕 \ 001
- ◎ 苦中作乐，笑一笑没烦恼 \ 004
- ◎ 快乐是瞬间的选择、分分钟的美好 \ 007
- ◎ 失败了，也要挺起胸膛 \ 010
- ◎ 随遇而安，接受一切既定的事实 \ 012
- ◎ 跟烦恼说"再见" \ 015
- ◎ 金钱真的没有那么重要 \ 017

直面恐惧的态度 / 第二章
改变，发现未知的自己

- ◎ 勇于拼搏，是扭转逆境的唯一希望 \ 021
- ◎ 你不勇敢，没人替你坚强 \ 025
- ◎ 畏惧失败，你已经输了一半 \ 027

◎ 改变命运从改变态度开始 \ 031

◎ 挑战无处不在，出发吧 \ 034

◎ 你要躲一生一世吗 \ 037

第三章／豁达包容的态度
不争也会有所得

◎ 报之以德，容之消怨 \ 041

◎ 身居高位，要容得下别人的质疑与反驳 \ 044

◎ 以和为贵，化敌为友 \ 047

◎ 包容，是高贵的选择 \ 050

◎ 难得糊涂 \ 053

◎ 和气、微笑，这是一种修养 \ 055

第四章／与人为善的态度
你的说服，他的信服

◎ "对与错"都不是绝对的 \ 058

◎ 我错了 \ 061

◎ 说服之前，先为对方着想 \ 064

◎ 发脾气能解决问题吗 \ 067

◎ 当众指责别人就是羞辱自己 \ 071
◎ 换个说法，没有人受得了你的颐指气使 \ 074
◎ 真诚创造奇迹 \ 077

感恩奉献的态度 / 第五章
意外收获是最好的回报

◎ 怀一颗感恩的心，快乐生活 \ 080
◎ 感恩之心，让爱传递 \ 083
◎ 给予，比获得更幸福 \ 085
◎ 抱怨所失，不如对生活多一点儿感恩 \ 088

真诚热情的态度 / 第六章
销售不再是一场战争

◎ 准确称呼，是打动客户的第一步 \ 091
◎ 热情一笑，生意不成也要留个好印象 \ 094
◎ 换个角度，想客户之所想 \ 097
◎ 不要让热情"过了火" \ 100
◎ 真诚赞美，赢得客户的信赖 \ 103
◎ 摸准"听众"的兴趣，用激情感染他们 \ 106

第七章 / 自律公正的态度
管理者的入门课

◎ 战胜自己，你就掌握了"领导力" \ 109

◎ 掩盖错误就是放大真相 \ 112

◎ 第一个吃螃蟹的人 \ 114

◎ 领导者不能随心所欲，而要谨言慎行 \ 117

◎ 端平一碗水，对员工一视同仁 \ 119

◎ 沟通和谐，是管理的"王道" \ 122

◎ 不轻易承诺，不轻易失信 \ 125

第八章 / 诚恳担责的态度
让工作成为一种享受

◎ 逃避只会陷你于不义 \ 128

◎ 先知负责之苦，后有尽责之趣 \ 131

◎ 我承担 100% 的责任 \ 134

◎ 放弃责任，就等于放弃了整个世界 \ 137

◎ 能力有高低，责任无大小 \ 141

◎ 尽责是敬业的核心 \ 143

互信双赢的态度／第九章
微笑竞争，真诚合作

◎ 商场上，没有永远的朋友和敌人　\ 147
◎ 舍得让一分利给客户　\ 149
◎ 一笔生意，达到"双赢"或"多赢"　\ 153
◎ 诚信，一份双赢的合同　\ 155
◎ 信誉是品牌，更是竞争力　\ 158
◎ 现代企业，合作远远比竞争更重要　\ 162

自动自发的态度／第十章
执行才是硬道理

◎ 高喊口号，不如低调做事　\ 165
◎ 多付出一点点　\ 167
◎ 要心动，更要付诸行动　\ 170
◎ 激情是通向成功之路的最佳伙伴　\ 173
◎ 主动请缨，走在别人前面　\ 176
◎ 高效执行，以快制胜　\ 179

第十一章 / 永不放弃的态度
最初的梦想终将实现

◎ 因为一无所有，所以勇往直前 \183

◎ 不抛弃理想，不放弃努力 \186

◎ 贪图安逸只会让人停滞不前 \189

◎ 脚踏实地，一步步建造你的理想王国 \192

◎ 追求成功，你的"油箱"加满了吗 \195

◎ 没有方向，坦途也是迷宫 \197

第十二章 / 得失随缘的态度
懂得取舍，成就精彩人生

◎ 放弃是另一种形式的获得 \200

◎ 纠结于取舍，不如看淡得失 \203

◎ 潇洒离开，不带走一片云彩 \206

◎ 结怨易，结缘难 \208

◎ 有得有失的人生才精彩 \212

◎ 你不是超人，要有所为有所不为 \214

◎ 走向成功，从学会放弃开始 \218

看淡看开的态度 ／第十三章
你是人间自在人

- ◎ 云淡风轻，活得轻松 \ 221
- ◎ 不要太在意别人的看法 \ 225
- ◎ 淡泊名利，宁静致远 \ 228
- ◎ 放下心头杂念，心清脚下宽 \ 231
- ◎ 不强求，尽全力而了无遗憾 \ 234
- ◎ 沉淀烦恼，不做无事庸人 \ 237

绝不抱怨的态度 ／第十四章
幸福常伴左右

- ◎ 抱怨是心魔，能毁掉你一生 \ 240
- ◎ 别让幸福在抱怨中溜走 \ 243
- ◎ 改变自己，改变世界 \ 246
- ◎ 摈弃生命中不能承受之重，做个平凡人 \ 249
- ◎ 对他人要求太多，只会让自己不幸 \ 252
- ◎ 残缺也是一种完满 \ 254

第一章 / 乐观积极的态度
简单，乐活

生活既艰难也简单，我们赤裸裸地来到这个世上，最后赤裸裸地离开，虽然生命各有长短，但有的人每天都能开开心心地度过，有的人却消沉萎靡、痛苦不堪。其实，选择过什么样的生活只是一个态度问题，如果以消极悲观的态度面对生活，一切都会很艰难；如果你能够积极乐观地面对生活，生活必将回馈你一个简单而快乐的人生。

◎ 生活不会永远那么糟糕 ◎

当你刚刚走出大学校门，并且雄心勃勃，希望在事业上大显身手的时候，找工作的过程却渐渐泯灭了你的雄心。比你有学历、有能力、有经验的人多如牛毛，当你四处碰壁后该怎么办？这时候，你是不是觉得自己很倒霉，简直糟糕透顶了？

其实，人生中没有过不去的火焰山，也没有过不去的独木桥。遇到挫折的时候，我们不应该被打倒，而是要坚强地站起来，并且告诉自己，如今的状况并不是很糟糕，我们完全可以挺过去。

电影《当幸福来敲门》讲述了这么一个故事，已近而立之年的克里斯·加德纳事业不顺、生活潦倒。为了生存，他成为一名普普通通的医疗器械推销员，每天奔波于各大医院，靠卖骨密度扫描仪为生。然而，现实很残酷，接受他的扫描仪的人很少。

一次偶然的机会，克里斯认识了一位股票经纪人，并且得知做股票经纪人不一定要大学学历，只要懂数字和人际关系就可以做到。就在这个时候，妻子琳达终因无法忍受经济上的压力，离开了克里斯，留下他和5岁的儿子克里斯托夫相依为命。妻子离开的几天后，克里斯除了那些没有卖掉的扫描仪之外，他仅有的财产只有21块钱，因为没钱付房租，他和儿子被房东撵出了公寓。

克里斯费尽周折后，终于在一家股票投资公司争取到一次实习的机会，但是实习期间是没有薪水的，而且在20个实习生中，最终只有一人可以成功进入股票投资公司。为了通向幸福之路，克里斯决定走下去，于是他一边卖骨密度扫描仪，一边做实习生，因为已经无家可归，所以克里斯每天还必须去教堂排队，以争取得到教堂救济的住房。极度的贫穷使得克里斯甚至去卖血。终于，功夫不负有心人，凭借自己的智慧和努力，克里斯最终脱颖而出，获得了股票经纪人的工作，赢来了幸福的时刻。

你想过人生中最糟糕的时候是什么时候吗？是不是像克里斯一样，为了赶上一班公车、为了赶下一个商务会面、为了这一个夜晚的容身之所而必须赶在其他人前面去排队进入收容所……这也许就是生活在美国最底层人民的无奈和艰辛。

尽管克里斯想尽一切办法努力地赚钱，但最后妻子还是迫于经济压力离开了他。

人生的酸甜苦辣都来源于未知,现实生活往往比电影复杂得多,但是克里斯的成功还是能说明一个道理:只要你始终保持乐观的态度,幸福就没有难度。

他是一位著名的演说家。一次,他被一家企业邀请去作演讲,面对着几千名的员工,他的手里高举着一张100美元的钞票问:"谁要这100美元?"话音刚落,一只只手就举了起来。

他接着说:"我打算把这100美元送给你们当中的一位,在这之前,请准许我做一件事。"说完,他就把钞票揉成了一团,然后问:"谁还要?"仍然有很多人举起了手。接着他把钞票扔在地上,用脚踩了几下,钞票已经变得又脏又皱。他问道:"现在谁还要?"还是有很多人举起手来。

看着大家的反应,演说家微笑着说:"朋友们,现在你们应该明白了,无论我如何折腾这张钞票,你们都要它,因为它并没有贬值,它依旧是100美元。在人生的道路上,我们又何尝不是那'100美元'呢?不管我们遇到多少磨难,我们固有的实力和价值并没有贬值。这就是说,我们的人生永远没有最糟糕的时候。"

其实就像故事中的演说家说的那样,不管你经历了什么,你跟那张100元钞票一样,你的价值一点儿都没有降低。不论发生了什么或者将要发生什么,只要你有了乐观积极的态度,人生就没有最糟糕的时候。

如果你真的觉得自己无法面对人生中的磨难,那就想想卧薪尝胆的越王勾践,想想在奥运赛场上倒下又爬起来的运动员,想想从黑暗无声的世界中挣脱的海伦。不难发现,不管是挫折还是磨难,都是完全可以战胜的。

因此,我们要勇敢地面对并战胜生活中不好的一切。一蹶不振、心情低落是没有用的,如果你觉得自己从来没有这么糟糕过,那就更需要对自己说:

"反正不会有比这更糟的时候了。"这时你就会觉得心中豁然开朗很多。当你有了这种积极的态度后,生活也许不会立刻好转起来,但只要你肯坚持,你就会像克里斯那样赢来幸福的时刻。

◎ 苦中作乐,笑一笑没烦恼 ◎

生活就像一个五味瓶,酸甜苦辣咸尽在其中。很多人诉苦说:人活着很累、很辛苦。而且这种表白,使得越来越多的人产生了共鸣。

你对生活抱着什么样的态度,就会获得什么样的生活。人只要活在这个世界上,就会有很多的烦恼。尽管有这么多的烦恼,但依然有很多人能过得很快乐,这是因为痛苦或快乐全都取决于你的内心。要想活得快乐一些,那么再苦再累都要学会笑一笑。

再重的担子,笑着也是挑,哭着也是挑,那你为何不选择笑着去面对呢?人如果不能成为战胜痛苦的强者,便会成为向痛苦屈服的弱者。再不顺的生活,只要用微笑来面对,撑一撑其实就过去了。

有一个女孩失恋了,10年的感情已经过了一个艰苦的"抗战期",本以为会走上美满的婚姻殿堂,却没想到最后男孩提出了分手。

女孩悲痛欲绝,仿佛自己的那片天塌了下来,她来到公园安静的一角,忍不住痛哭起来。哭声惊动了一位正在这里写生的画家,画家走上前去,轻声地问:"你为何哭得如此伤心?"女孩回答说:"我和他恋爱了10年,却没想到昨天他竟然提出了分手,那可是10年的感情啊!他凭什么说分就分了！呜呜……我好难受……"

不料这位画家在听完女孩的话后便哈哈大笑起来，并且说道："这是好事啊！你不应该哭泣，应该开心才对呀！"

女孩生气地说："你这人怎么这样呀？没有一点儿慈悲之心吗？"画家微笑着说："这根本就不值得你难过，真正应该难过的是他。因为你只是失去了一个不爱你的人，而他失去的却是一个爱他的人。这难道不是他的损失吗？如果你再哭，那可真是傻瓜了。"

女孩顿时笑了出来，想想这不正如画家所说的那样吗？一切都会过去的。而她从今往后要好好活着，要找到一份属于自己真正的幸福。

女孩的故事在现实生活中处处都在上演。不管现实多残酷，感觉多痛苦，都无法改变已有的事实。但是不幸始终会过去，女孩终究会重新生活，而要想生活得更好，就必须用微笑去面对过去的那段伤痛。

人不要幻想生活总是那么圆满，生活的四季不可能只有春天。每个人的一生都注定要经历沟沟坎坎、品尝苦涩与无奈、经历挫折与失意。其实，我们应该感激命运给我们的一切，哪怕是不幸。因为，没有苦难，我们不会骄傲；没有挫折，成功不再有喜悦；没有沧桑，我们不会有同情心。所以，我们不妨苦中作乐，笑一笑就会赶走烦恼，不妨把所有的苦难挫折都当作黎明前的黑暗。

其实，面对一些烦恼和痛苦的事，只要我们以积极的态度去观察、去思考，就会发现自己要比想象中更加强大，事情也没有想象中那样糟糕。

一个女孩从小就患有腿疾，别人玩耍的时候，她只是在一旁静静地看着，别的小朋友过"六·一"儿童节上台表演节目，她永远只能站在啦啦队里，但她却是喊得最有劲儿的那一个。

父母为了给女孩一个美好的明天,便把她送进医院做了一次大的手术,可没有想到手术失败了。但她却笑着对掉眼泪的父母说:"也许我注定是一个断了羽翼的天使,没关系,我还可以站起来的。"

女孩的阳光感动了医院的大夫、护士和所有的病友,他们说:"女孩是健康的,比四肢健全的人还要健康。"

女孩现在已经大学毕业,并且做了一名优秀的教师,还有了自己美满的家庭。正如人们常说的:"再多的苦难,笑一笑都会过去。"

对于现状,我们千万不要抱怨,我们无法选择自己的出生,但我们可以改变自己的命运!与其为了自己的困难与痛苦担忧,不如握紧自己的拳头,命运就掌握在了你的手中。

在现实生活中,任何人都不可能永远一帆风顺、花好月圆的。正如古诗里所说的"人有旦夕祸福,月有阴晴圆缺"、"福兮祸之所伏,祸兮福之所倚"一样。也许你正处于漂泊阶段,但要相信终有一天你会靠岸;也许你正值贫穷,但你要相信,只要你努力,你便可以拥有自己想要的一切。

所以,不要只是一味地去抱怨命运的不公正、现实生活太残酷。你要端正心态,用微笑去面对生活中那些不如意的事。当你走过世间的繁华与喧嚣,阅尽世事,你会幡然醒悟,人生不会太圆满,再苦也要笑一笑。

◎ 快乐是瞬间的选择、分分钟的美好 ◎

　　如同一枚硬币的两面，人生也有正面和背面。为什么有些人一生都活在痛苦当中，那是因为他们只看到了黑暗、忧愁、绝望、不幸这一背面，而对人生的正面——光明、希望、快乐和幸福一概视而不见。所以，人生的意义在于选择其正面的内容。

　　当我们选择了人生的正面，也就选择了快乐。要想赢得人生，我们只能朝着充满阳光的方向前进。如果目光只是一味地盯着消极的东西，那只会让我们沮丧、自卑，这样不仅给自己平添烦恼，还会影响身体健康。

　　梦痕是一个消极感伤的人，用她自己的话说，她的人生即使天天喝蜂蜜也感觉不到甜。尽管她还不到30岁，但她却没有这个年纪应该有的青春和活力。经历的每件事她都会往坏处想：大学毕业了，她想自己肯定找不到工作；参加工作了，她想这个任务肯定完不成；就连公交车上有人看她拿着重东西给她让座，她都在郁闷"难道我老了"；看到秋天的落叶，她都会感慨生命的脆弱、人生的苍凉。直到有一天，她遇到了一位快乐的百岁老人。

　　老人是新搬来的邻居，不久就与周围的人打成了一片。她每天都活在快乐中，在她的世界里仿佛从来没有发生过不快乐的事情。当然，这份快乐使她成为小区最受欢迎的女人，尽管她不够美丽，而且早已满头白发、皱纹横生。

　　苦闷的梦痕拜访了老人："我一直感觉不到快乐，也没有朋友，但是我看到您那么快乐，您感染了周围的人，他们也喜欢您，您的一生肯定都是一帆风顺吧?"

老人笑了笑,和蔼地说:"人的一生不可能事事如意,我们不可能改变那些可怕的事实,但我们却能够控制自己看待问题的角度。在我的眼里,所有发生的事情都是好事,这就是我快乐的秘诀。"

梦痕诧异极了,她想,如果老人一个朋友都没有了,走路的时候掉入泥坑、出了车祸,甚至马上失去生命,那么老人一定不会再快乐起来的,于是她便如实地和老人说出了自己的心中所想,没想到老人的回答更让她惊得合不上嘴巴。

老人说:"幸亏我没有的是朋友,不是自己;幸亏我掉进的是泥坑,而不是无底洞;幸亏我没有死,大难不死必有后福;我高兴地走完了这一生,说不准下一个宴会就要开始了。只要我愿意,我就是快乐的。"

梦痕突然领悟,快乐与否在于自己的选择,在于自己的心态。

世间有很多事情本来就有利有弊的,但是事情本身并无所谓好坏,全在于我们怎么看。故事中的老人在遇到事情时多往好处想,便是一种科学的人生态度,是一种健康积极的人生哲学,是一种心理健康之道,也是幸福快乐的不二法门。

只要豁达乐观一点儿,凡事多往好处想,你会发现事情远远没有想象的那么糟糕,或许还会从"山重水复疑无路"的困境走向"柳暗花明又一村"的艳阳天。

有位画家擅长画牡丹,很多人都钟情于他的画作。

一天,某人慕名求得一幅他亲手所绘的牡丹,回去得意地和朋友炫耀。朋友大呼不吉利:"这朵牡丹没有画完全,缺了一部分,而牡丹代表富贵,缺了一角,岂不是富贵不全吗?你赶快去找那位画家,请他给你画完整吧。"

这个人听了觉得很有道理,牡丹缺边总是不妥的,于是他忙把画拿回去恳请那位画家重画一幅全的。那位画家听了他的理由笑着说："既然牡丹代表富贵，那么缺了一边，不就是富贵无边吗？"那人听了他的解释，觉得有理，便高高兴兴地捧着画回去了，并把它悬挂在客厅里。

其实，快乐是一种积极的心态，是一种纯主观的内在意识，是一种心灵的满足。一个人若是能从日常平凡的生活中寻找和发现快乐，就会找到幸福。

同一幅画，因为心态不同，便产生了不同的看法。所以，凡事都应持一种积极的心态，往好处想，不要看什么都不顺眼，这样就会少一些烦恼、苦痛、牢骚，多一些欢乐、平安。

看待问题的角度，其实往往取决于当事人自身的态度，同样一件事情，让不同的人来经历，就会有不同的体会和态度。

一个将要被押赴刑场的音乐家仍然非常有兴致地拉着他的小提琴，一旁的狱友十分不解地问他："你等下就会死去，还拉小提琴干什么呢？"那个音乐家听完笑了笑说："很快我就要死了，现在不拉还要等到什么时候呢？"

所以说，快乐与否完全在于你自己的选择。

我们可以让自己的生活丰富多彩，也可以让自己的生活充满喜悦和欢笑。不论我们处于什么境地，都可以把它当成福田，并创造快乐。所以说，一个人快乐与否，绝不是因为获得了什么或者是失去了什么，而只能在于他自身如何去面对。只要我们懂得这一切，我们就可以拥有一个快乐的人生。

◎ 失败了，也要挺起胸膛 ◎

一位哲学家曾经说过："人活着就是为了解决困难，这才是生命的意义，也是生命的内容。逃避不是办法，知难而上往往是解决问题的最好手段。"

人生之路不会是一帆风顺的，我们会遇上顺境，同样也会遇上逆境。其实，在所有成功路上所遭遇的挫折和失败，背后都隐藏着激励你奋发向上的动力。换句话说，想要成功的人，都必须懂得该如何面对失败，并将其转化成一种让自己克服挫折的磨炼，这样的磨炼就会让人不断地成长。

所以，当你遭遇失败的时候，坚强与懦弱就成了成败的一道分水岭。

有一个年轻人，从小就立志要成为一名出色的赛车手。早先开过卡车的经历对他熟练驾驶技术起到了很大的帮助作用。

参加工作时，他选择了农场司机的职业。工作之余，他一直坚持参加一支业余赛车队的技能训练。只要遇到车赛的机会，他都会想尽一切办法参加。哪怕是得不到好名次、赛车收入为零、欠下债务，他也依旧为他的梦想坚持着。

可是在一次威斯康星州的赛车比赛中，他出了严重的事故。当他被救出来时，手已经被烧伤，鼻子也不见了，体表受伤面积达40%。医生给他做了7个小时的手术之后，才把他从死神的手中挽救出来。

尽管他的命保住了，可他的手却萎缩得像鸡爪一样。医生告诉他说："以后你再也不能开车了。"

然而，残酷的事实并没有使他感到绝望，为了实现那个长远的梦想，他决心再一次为成功付出代价。他接受了一系列的植皮手术，并且每天都不停地练习用手的残余部分去抓木条，有时疼得浑身大汗淋漓，可他仍然坚持着，只为了恢复手指的灵活性，继续参加比赛。

两个月后，在上次发生事故的赛场上，他最终赢得了400公里比赛的冠军。他就是美国颇具传奇色彩的伟大赛车手——吉米·哈里波斯。

当吉米第一次以冠军的姿态面对热情而疯狂的观众时，他流下了激动的眼泪。一些记者纷纷将他围住，并向他提出一个相同的问题："你在遭受那次沉重的打击之后，是什么力量使你重新振作起来的呢？"

吉米没有回答，只是微笑着用黑色的水笔在此次比赛的招贴图片背后写上一句凝重的话："把失败写在背面，我相信自己一定能成功！"而那张图片正面是一辆迎着朝阳飞驰的赛车。

是失败让吉米不断进步，在通往理想的道路上征服困难并超越自我；是失败使他排除了艰难险阻，最终赢得了胜利。

在通往成功的道路上有无数的艰难险阻，有时要经历失败的打击。但我们不要因为一时的失败而灰心丧气、怨天尤人，而应该勇敢面对、努力拼搏，并始终坚信"阳光总在风雨后"。

英国《泰晤士报》前总编辑哈罗德·埃文斯的一生中曾经历过无数次失败，但他却从未在失败中沉沦。对于失败，他有着自己的理解。

他说："对我来说，一个人是否会在失败中沉沦，主要取决于他是否能够把握自己的失败。每个人或多或少都经历过失败，因而失败是一件十分正常的事情。你想要取得成功，就必得以失败为阶梯。换言之，成功包含着失败。关于失败，我想说的唯一一句话就是'失败是有价值的'。面对失败，正确的做法是，首先要勇于正视失败，找出失败的真正原因，树立战胜失败的信心，然后以坚强的意志鼓励自己一步步走出阴影、走向辉煌。"

虽然遭受失败会让我们感到痛苦，但经受失败往往也会使我们收获许多，只要我们能够静下心来，善于从失败中学习，不断地总结失败的教训，重整旗鼓、从头再来，就能一步步走出失败的阴影，收获成功的阳光。

成功不在于跌倒的次数有多少，而在于总是比跌倒的次数多站起来一次；不在于没有失败，而在于绝不被失败所击倒。所以说，失败并不可怕，可怕的是我们在面对失败时没有挺起自己的胸膛。

◎ 随遇而安，接受一切既定的事实 ◎

哲学家威廉·詹姆斯说："要乐于接受必然发生的情况，接受所发生的事实，这是克服随之而来的任何不幸的第一步。"

对于现状，有人选择不断地抱怨，有人选择安之若素。在这不同的选择之中，体现出了不同的人生态度。很多时候，对于一些既定的事情与状况，我们所能采取的最好的方法便是"既来之，则安之"。只要我们肯用乐观的心态去接受这一切，那么你就会发现事情远没有你想象的糟糕。

科学家塔克斯总是说："人生加诸我的任何事情，我都能接受，只除了一样，就是失明，那是我永远也没有办法忍受的。"

但不幸却真的发生了，在他 60 多岁的时候，他最不能忍受的事情变成了现实，他患了白内障。塔克斯在自怨自艾了半年后，终于领悟到："我既然没有办法逃避，唯一能够减轻痛苦的就是接受事实。即使我的5种感官完全丧失了，但我还能够继续生存在我的思想里，在思想里看，在思想里生活。"

为了恢复视力，塔克斯一年之内接受了12次手术。

他说："失明并不令人难过，难过的是你不能忍受失明。"这件事使他领悟到生命所能带给他的没有一样是他不能忍受的。

我们每个人迟早要明白一个道理，那就是我们只有接受并适应不可改变的事实，才能让自己变得坚强快乐，才会顺应生存的法则。

"事必如此，别无选择。"这是荷兰阿姆斯特丹中一座15世纪的寺院废墟里的一个石碑上刻着的一句让人过目不忘的题词。"事必如此，别无选择。"这并非是一堂容易让人听懂的课程。

没有谁具有足够的精力既能抗拒不可避免的事实，又能创造一个新的生活。我们只能选择一个，要么在那不可避免的暴风雨下弯屈身体，要么因抗拒它们而被摧折。也就是说，当我们无法改变失败和不幸的厄运时，便要学会去接受它、适应它。

事情的本身并不能使我们快乐或悲伤，我们的反应才能决定我们的悲欢。

一位很有名气的心理学教师深受学生们的喜爱，学生们说："老师的课像一束阳光，能够给我们光明和希望，也为我们指引了方向。"他每次上课，台下总是座无虚席。

一天，他给学生上课时拿出一只十分精美的水杯，当学生们正在赞美这只杯子的独特造型和小巧精致时，教师故意装出失手的样子，让水杯掉在水泥地上，瞬时成了碎片。这时学生中不断发出了惋惜声。教师指着地下的碎片说:"你们一定对这只杯子感到惋惜,可是无论怎样惋惜也无法使杯子再恢复原形。与其遗憾、自责、懊恼,不如接受这个事实。今后在你们的生活中如果发生了不可改变的事,请记住这破碎的水杯。"

这无疑是一堂很成功的素质教育课,它告诉我们:虽然改变不了发生的事实,但是我们却能够改变心态。

一个人心态的好坏往往决定着他以后会如何选择自己的道路。一个拥有良好心态的人总是能够找到让自己走下去的理由,并且不断达到新的高度;而一个自怨自艾的人总是会不断抱怨,然后在抱怨中一事无成。

拿破仑有一句名言:"要想靠自己的积极心态生活,必须要面对和分析眼前的事实,从中找到自己的出路。"

拉莎·本哈特曾是全世界最受观众喜爱的女演员,她享受着自己人生的辉煌,却没有想到厄运正悄悄地向她走来。

71岁那年,她遭遇了破产,祸不单行的是她那条摔伤的腿又染上了静脉炎,医生告诉她必须截肢。医生怕拉莎接受不了这个事实,担心地注视着她。然而事实却出乎他的意料,拉莎只是看了他一阵子,然后很平静地说:"如果非这样不可的话,那就只好这样了。"

她的儿子看到自己的母亲被推进手术室时,痛哭起来。她竟朝儿子挥了挥手,温和地说:"不要走开,我马上就回来。"在去手术室的路上,她一直背着她曾演过的一场戏中的台词。有人问她这么做是不是为了给自己鼓气。而拉莎却说:"不是的,是要让医生和护士高兴,他们承受的压力可大得很呢。"

手术后,拉莎·本哈特继续环游世界,进行演说。

在漫长的岁月中，每个人都会碰到一些令人不快的事情。当我们处于恶劣的客观环境中，无力也无望改变现实的时候，那么，我们要做的就是乐观地去接受它。因为，事情既然如此，就不会另有他样。欣然接受既成的事实是人生的必修课程。

很多时候，当人们在面对烦恼、不幸时，只会一味地指责、懊悔、空发牢骚，却不知自己已经在牢骚中错过了人生正点的班车，继续抱怨下去的结果只能是再次错过下一次的正点班车。

人生是一个竞技场，只有那些经得起磨难、接受现实的人才能通过重重的考验，最终取得胜利的果实。

◎ 跟烦恼说"再见" ◎

有人把生活比喻成一杯清水，其中各种滋味都是我们自己调剂出来的。加点糖，它是甜的；加点醋，它是酸的；加点盐，它便是咸的。

生活这张白纸无所谓快乐还是烦恼，因为无论是快乐还是烦恼都是我们自己创造的。正如那些曲子，无所谓愉悦或是感伤，因为那只是作曲家谱写的罢了。如果我们一味地用忧郁的手指拨弄着萧瑟的琴弦弹奏出痛苦的音符，那么我们感受到的永远都是无限的烦恼。其实，我们本可以弹奏出快乐的节拍，并且放声歌唱，可是很多时候我们却自寻烦恼，暗自伤神。

生活中除了我们自己，没有谁能把我们捆住。很多人会给自己设定无数个如果和假设，他们总是徘徊在如果这样做是不是更好；假如可以重新来过会有多好，他们这种画地为牢的做法无疑是可笑的。自寻烦恼确是百害而无一利，再怎么样的忧虑都无法解决任何实际问题，而只会让自己的心情更差，想法更消极。

每个人都有七情六欲，烦恼也是人之常情。但是由于每个人对待烦恼的态度不同，所以烦恼带给人的影响也不同。乐观的人通常很少自找烦恼，而且善于淡化烦恼，所以活得轻松愉快、潇洒自如。

张允和，一个88岁高龄的老太太，一个大有来历的知识女性，著名的语言学家周有光便是她的爱人。曾有人说："周有光的平和宁静与广阔深邃，会让你不由自主地联想到无边无际的大海。"她的妹夫是由她一手促成美事的大文豪沈从文。

她活得轻松悠闲，用她自己的话说："快乐其实很简单，第一是不要拿自己的错误惩罚自己，第二是不要拿自己的错误惩罚别人，第三是不要拿别人的错误惩罚自己。有这么三条，人生就不会太累。"

朴素的话语揭示出了快乐的真谛，又有几人知道过她也曾颠沛流离，也曾死里逃生。是怎样的人生苦难与坚定的信念使她大彻大悟，道出了这"人生幸福三诀"？

这是一种态度、一种气节，更是一种智慧。

天下本无事，庸人自扰之。试问人间有多少烦恼？其实所谓的烦恼都是人们自己和自己过不去。试想世间有多少人是在"拿自己的错误惩罚自己"？他们忘记了"人非圣贤，孰能无过"？于是，一旦有错，便陷入无尽的自责、痛苦与悔恨当中。他们看不到正午的太阳，看不到夜晚的群星，听不到大海的音符，闻不到花草的芬芳，在他们的视线里永远是无边的烦恼。

有些人把自己的烦恼归咎于别人，仿佛只有这样才能显示出自己的无辜。

"受了伤"的心总是需要发泄的,出来闯江湖总是要还的。于是,他们要奋起反抗,要拼命自卫。这样"拿自己的错误惩罚别人"的结果便是让自己的人生更累,平添更多烦恼。

"幸福三诀"是人生的领悟,是生活的智慧,是丰富的阅历,是"胸藏万壑凭吞吐"的大胸怀。从另一侧面也揭示出了,其实人世间很多烦恼都是我们自找的,它们就像一张无形的大网藏在人们心里,一不留神就会被它网走我们的快乐和幸福。

◎ 金钱真的没有那么重要 ◎

我们的生活中经常会遇到一个问题,那就是"什么能够让你快乐"。答案让人出乎意料,也会使人啼笑皆非,很多人对于快乐的答案居然是"钱"。

不管我们对这个答案是否满意,或是嗤之以鼻,我们都不能忽视一个现实问题,那便是钱成了相当一部分人衡量快乐与否的标准,他们认为有钱就有了快乐。钱真的可以让人快乐吗?快乐真的和金钱有关吗?

有位富翁,虽然在旁人眼里早已称得上是富甲一方,但他仍旧整天忙忙碌碌,不停地为银行卡里的数字拼搏。赚钱似乎是他唯一的嗜好,可是他却为此痛苦、纠结,因为他想要的数字永远无法满足。

他的一个邻居虽然贫穷却能整日悠闲自在,屋里不乏快乐的笑声。

富翁很困惑:"我有那么多钱,为什么还不如他们快乐?"

有人给富翁出了个主意,说只要给邻居10万块钱,邻居家里将不会再有那么多的笑声了。富翁照着做了。

起初得到这笔钱的邻居欣喜若狂,夫妻俩居然喜极而泣。可是之后他们的烦恼便来了,他们猜测富翁的用意,因为他们觉得天下没有免费的午餐。他们为了钱的存放地而冥思苦想。后来因为这笔钱的支配问题,邻居夫妇陷入了无休止的争吵。

终于有一天,邻居把钱还给了富翁。

邻居说:"我以为有钱会让人变得幸福、快乐,可是没想到,钱买不到笑声,有钱不等于有快乐。"

在现实生活中不乏这样的例子:有钱但不快乐。问题的焦点就在于一些人对于物质的欲望太强,把金钱看得太重,永远不懂得满足。有些人则相反,即使物质生活匮乏,但活得却很幸福,而问题的关键就在于他们能够注重心灵的修养,懂得知足常乐,更明白钱不等同于快乐。

一名记者在对洛克菲勒做过采访后发表的《金钱与快乐》一文中有这样一段话:

"金钱可以买到房屋,但买不到家;金钱可以买到珠宝,但买不到美;金钱可以买到药物,但买不到健康;金钱可以买到纸笔,但买不到文思。

"金钱可以买到书籍,但买不到智慧;金钱可以买到献媚,但买不到尊敬;金钱可以买到伙伴,但买不到朋友;金钱可以买到服从,但买不到忠诚;金钱可以买到权势,但买不到学识;金钱可以买到武器,但买不到和平;金钱可以买到小人的心,但买不到君子的志气。

"金钱可以买到享乐,但买不到快乐。"

"幸福取决于经济条件,快乐取决于金钱",是现代人所固有的观念,而这显然是站不住脚的。早在几千年前,道家就已经认为:快乐和金钱无关,快乐源于心灵的富足。

爱因斯坦一生对科学探索和研究都在孜孜不倦地追求着，但却对金钱和地位毫不在意，视之为身外之物。他的人生是幸福的，是快乐的，因为他有科学做伴。爱因斯坦曾用一张大面值的支票作为书签，结果不小心把那本书弄丢了的他却付之一笑，转身就投入他的研究中。

如果这样的事情发生在葛朗台先生身上，想必他早就捶胸顿足、寻死觅活了。葛朗台辛苦地赚取更多的钱财，可是穷其一生也只不过是一个只赚不花的守财奴。即使到了生命的最后一刻，还会为了多留的那根灯芯耿耿于怀。他的一生真是可怜得要命、穷得要死。

这样看来，那些没有做金钱的奴隶还能快快乐乐的人，想必是心灵的富足为他们带去了真正的快乐。

钱是没有穷尽的，如果欲望肆意蔓延，那么人将永远都得不到快乐。那么我们如何才能让自己变得真的"富裕起来"，那就是应该具备知足常乐的心态，对于金钱更是如此。要懂得"够用就好"的道理。一把躺椅、一杯清茶、一本好书，有人就能常乐；住着别墅、开着奔驰、坐拥美人，有人却不快乐。是从奴隶变成主人，还是从主人变成奴隶，全在于我们知足与否的心态。

人们常说："欲壑难填。"一旦陷入对金钱无休止欲望的沟壑当中，就会使人们变得愈加贪婪。在欲望面前，人们失去了自我，失去了理智，并总是处于痛苦的边缘，因为他们永远都不满足现有的财富；他们追求金钱的思想和行动永远都不会适可而止；他们抱怨为什么自己的付出和收获不成正比。于是，为了满足自身的贪婪，为了求得心理上的平衡和欲望上的满足，人们又会不停地索取、不停地追逐。

钱到底有多少才是真正意义上的多呢？正所谓："良田万顷，日食几何？华厦千间，夜眠几尺？"人是赤裸裸地来到这个世界的，而最后也终将空着拳头离去。"一箪食,一瓢饮,在陋巷,人不堪其忧,回也不改其乐。"人更应该拥有知足常乐、心怀众生的心态。

  人之所以活得疲累,不是因为使之快乐的条件还没有攒齐,而是想要拥有的东西太多,从而感到痛苦不堪。我们要懂得在这个世界上还有比"拥有"更有价值的事物。对于金钱,只要能满足人们最基本的物质需求够用了。我们要知道适可而止,因为快乐与金钱无关。

  我们想要游刃有余地操控金钱,不被物欲所役,就要持有"快乐向左、金钱向右"的态度,谨记快乐与金钱无关。

第二章 / 直面恐惧的态度
改变，发现未知的自己

　　命运如同一个调皮的孩子，常会和我们开玩笑。它的黑色幽默不仅让人尝尽失败的苦楚，还引来恐惧相伴。然而，失败和恐惧并不可怕，不敢面对才是恐惧给我们的撒手锏。其实每一个人都害怕改变，同时又渴望改变，如果你真心希望改变你的生活，请直面恐惧，开始改变。

◎ 勇于拼搏，是扭转逆境的唯一希望 ◎

　　真的勇士敢于面对淋漓的鲜血，敢于面对惨淡的人生。美国的商业巨人艾柯卡在他的自传中曾这样写道："我懂得奋斗，即使时运不济；我懂得任何时候都不能绝望，哪怕天崩地裂；我懂得世界上没有免费的午餐；我懂得辛勤工作的价值。"

　　是啊，人生在世，要是没有一点儿理想和追求，这样的人生注定是平淡无奇的。为了理想而去努力拼搏的人，即便是途中遇到各种挫折困苦，最终也会收获不一样的灿烂人生。这个过程可能是常人难以忍受的，但正是在克服这些困难和挫折的过程中，你才能成就常人难以企及的高度。

说到全世界最大的快餐连锁店肯德基，恐怕无人不知，无人不晓。然而，有关肯德基的创始人卡耐尔·桑达斯坎坷的一生又有多少人了解呢？

　　卡耐尔·桑达斯6岁的时候父亲就去世了，从此卡耐尔开始了他曲折的一生。为了照顾年幼的弟弟，分担家庭的生活重担，他开始去田间进行劳作。卡耐尔性情十分刚烈，是一个不实现自己的愿望坚决不罢休的人，这就导致他时常和别人发生争吵，并为此不断地变换工作。

　　后来，他自己开始经营带有餐馆的加油站，可是由于加油站前的那条道路变成了背街背巷的道路，从而使顾客大量减少了。到了65岁的时候，卡耐尔不得不放弃了餐馆。

　　但是，卡耐尔并没有因此放弃，他想起自己手上还有一份极为珍贵的专利——制作炸鸡的秘方，他决定要卖掉这个秘方。因此，他开始到处走访美国国内的快餐店，并教授给各家快餐店制作炸鸡的秘诀——调味酱。只要售出一份炸鸡，他就可以得到5美分的提成。

　　5年之后，出售这种炸鸡的快餐店遍及美国和加拿大，共计有400家。

　　事实上，那个时候卡耐尔已经有70多岁了。1992年，肯德基炸鸡的连锁店在美国已经发展到5000家，在海外也已经达到了4000家，总共扩展到9000家。

　　每个人的一生都是曲折的，然而在我们人生的低谷时，如何面对的态度将直接决定事态的发展。这时请记得，即使是在命运不济之时，也要勇于拼搏，因为这样的人生才有希望。

　　得意时常伴有鲜花和掌声，失意时则常因为挫败而感到萎靡与颓唐，那么你会因此而放任自己，就这样使自己一蹶不振吗？要知道绝望是无情的杀手，它可以摧毁我们的意志，折磨我们的肉体，全力将我们赶往绝路。如果放任绝望的滋生，那么最终只有死路一条。

人以个体的身份生活在这个世界上，除了身体以外，还有精神。即使苦难可以压倒我们的身体，但是只要我们愿意，只要我们坚信，那么苦难是休想逼近我们精神领域半步的。

史东是"美国联合保险公司"的主要股东和董事长，同时，他也是另外两家公司的大股东和总裁。然而，关于他成功背后的故事又有多少人了解呢？

史东白手起家，他成功的背后是经过无数次磨难被战胜后所收获的欢乐，而这些磨难就这样一次一次地推动着他进步。总结起来，我们可以说，史东是一个无论处于怎样的境况中都勇于拼搏的人，这便注定了他的艰辛，也注定了他的成功。下面我们就一起来了解史东的故事。

史东小的时候，为了生计不得不四处兜卖报纸。每当他去餐馆卖报纸的时候，总是会被老板赶出来。可是史东并没有因此而放弃，反而拿着更多的报纸一再地溜到餐馆里，直到他的勇气感动了餐馆里的客人，客人们将史东的报纸买完。就这样，即使史东反复地被老板赶出来，即使屁股被踢得很痛，但是史东达到了自己的目标。

然而史东并没有因为成功卖掉了报纸而停止思考，他总是会想："哪一点我做对了呢？哪一点我又做错了呢？下一次，我该这样做，或许就不会被踢出来了。"苦难是给人最大的财富，勇于拼搏和善于思考的史东从此总结了一个属于自己的座右铭："如果你做了，没有损失，而可能有大收获，那就放手去做。"也就是这句座右铭最终引导史东开启了成功的大门。

在史东16岁时的那个夏天，在母亲的指导下，他大胆地走进了一座办公大楼，开始了自己推销保险的生涯。当他因胆怯而发抖时，他就会用卖报纸时被踢后总结出来的座右铭来鼓舞自己。

就这样，他抱着"若被踢出来，就试着再进去"的念头推开了第一间办公室的门。他从担心被别人踢出来到实现零突破，信心也一点点地建立起来了。第一天，他卖出了2份，第二天卖出了4份，第三天卖出了6份，数量虽然少，但是史东时刻怀有希望。直到4年以后，史东成立了一家只有他一个人的保险经纪社，再往后，他创造出了一个更令人瞠目的纪录——一天卖出122份保险。这时候，你能想象史东还是孩子的时候拿着几份报纸去餐馆推销，被老板踢出来的样子吗？

成败不在于顾客，而在于推销员的态度。史东无时无刻不在勇于和自己的命运抗争，无论生活回馈给他的是顺境还是逆境，这就是拼搏的精神。

为什么开始的时候大家都站在同一条理想的起跑线上，到最后却只有少数人能到达期望中的远方呢？绝大多数的人不是输在了起跑线上，而是输给了时间和路程。人生何尝不是这样的一场马拉松比赛？中途疲倦劳累，甚至被别人超越的时候，也许惶恐，也许不安，但是请记住一定要抱持希望。如果你在比赛的中途因为不可抗拒的外在因素而跌倒，甚至举步维艰，也许在外人看来，你根本不可能到达终点，这时，也请你怀有希望。即使你是最后一个到达终点，你也有理由为自己喝彩。

每个人都知道失败是成功之母，第一次失败很正常，第二次失败没什么，第三次失败的时候便开始怀疑自己，如果还有第四次、第五次失败，那么很难不把一个人逼到绝望的境地。所有成功的人都是在经历了无数次的失败后还没有倒下的人。所以，请记住时刻怀有希望，命运给予我们苦难，给予我们挫折，就是为了让我们知道拼搏的可贵。

成功的路上总是布满荆棘，一个人要想干成大事，就要不怕困难、勇于拼搏，只有这样才能获得成功。真正的勇者敢于在坎坷的路途上放声歌唱，敢于在陡峭的悬崖上雕刻出绮丽的花朵。更有在100次倒下之后，第101次站起来的精神。

◎ 你不勇敢，没人替你坚强 ◎

每个人的人生都要历经悲欢离合的考验，而苦难就是这众多考验当中最为历练人的一种。"不经历风雨，怎么见彩虹？"只有经过一个个磨难、走过一段段坎坷、越过一片片荆棘，才能最终获得丰富多彩的人生。

高尔基说过："苦难是人生最好的大学。"可并不是所有进过这所大学的人都能够毕业。

一帆风顺的人生是每个人都期待的，但是如果人生没有经历过苦难的磨炼，那么这样的人生是不完美的。

有一位农夫，他历尽千辛万苦找到上帝，对他说："万能的主啊，虽然你创造出了整个世界，但是你毕竟不是一个农夫，你还没办法了解全部，就让我来告诉你一些东西，好让你把这个世界变得更加美好。"

上帝听完，笑了笑说："那好吧，你就告诉我吧！"

农夫急切地说："只要你给我一年的时间，在这一年里面，你按照我说的去做，那么这个世界就不会再有饥饿和贫穷了。"

上帝答应了农夫的请求。于是，在接下来的一年里，上帝满足了农夫的每一个要求。没有狂风暴雨，没有任何危害农作物的自然灾害发生，不管农夫想什么时候出太阳或者下大雨，上帝都会去满足他。

在这种情况下，田地里的小麦都生长得非常好。

可是，等到人们去收割的时候，却发现麦穗里面什么都没有。那些长势非常好的麦子竟然什么都没有结出来。

农夫感到十分茫然，不明白到底哪里出错了，于是就赶忙跑到上帝面前："主啊，为什么会变成这样啊？"

"这都是因为小麦生长得太顺利了，不经受大自然的磨砺是根本不行的。

"在这一年里面，它们没有经受一丁点儿日晒雨淋。你帮它们避免了所有会伤害到它们的东西。当然，在这种情况下，它们生长得非常好，但是结果你也看见了，那就是麦穗里面什么都不会结出来。要知道，正是那些风雨雷电才磨砺了小麦的生长，才让它们结出丰硕的果实。"

人生也同样如此，不经历风雨的人，犹如看似饱满的稻穗，仅有着好看的外表，而没有实在的内容。所以，人生的每一场风雨都有它出现的原因，也有它存在的必要性，直面挫折和打击，最后才能收获属于自己的饱满果实。

即使苦难有时很残酷，它会把你一生的追求和信念一瞬间撕得粉碎，也可能对你穷追不舍，一点点地吞噬着你生命中的信心，但是，无论你经历过多少苦难、走过多少坎坷，你都不会一无所有，你总会拥有一些东西，它们便是你生命里最为宝贵的财富，那就是希望与信仰。

小夏从小就是一个招人疼的聪明孩子，上学以后也因成绩优秀而深受老师们的喜爱。然而一次意外事故却让小夏成了一个聋哑孩子，她只得转学到聋哑学校里。

这突如其来的变化让小夏难以接受，但是很快她就让自己冷静下来了，并认清和接受了现实，明白自己未来几年都要在这所聋哑学校里度过。于是，她不再和爸爸妈妈闹脾气，开始认真主动地学习起来。

由于是中途转学而来，所以小夏面临着各种各样的困难。在老师的鼓励和帮助下，小夏开始积极进行康复训练。慢慢地，小夏可以说出不少话了，甚至可以和人们进行正常的交流,这一切在所有人的眼里都是一个奇迹。

其实,奇迹总是由敢于直面苦难的人所创造。小夏从刚出生到没有遭遇事故之前都是幸运的人,她拥有聪明的头脑、学习成绩好、被大家所喜爱。但是真正属于小夏人生之中最为宝贵的财富却是她在遭遇事故以后直面苦难的态度。

苦难可能会摧毁我们的意志,浇灭我们的信心,但同时也教会了我们坚强与忍耐。我们也会因为战胜了苦难而收获新的人生。

天才是1%的灵感加上99%的汗水,伟人之所以能够成为伟人,就是因为他们能够经受比普通人更多的失败,并能走出失败。所以在逆境中,保持一颗坚强的心,永不言弃、无所畏惧地前行,便是收获饱满果实的人生捷径。

◎ 畏惧失败,你已经输了一半 ◎

"失败"是我们在生活中总会面对的一个词,如果说人生是一个竞技场,那么总会有输有赢。赢了的时候,伴随我们的总是鲜花和掌声,那么输了的时候呢,应该怎样去面对?

失败其实是每个人生活和学习中再正常不过的事情了,不是每一颗种子都能够发芽,不是每一次尝试都可以换来成功。因为有太多人去追求完美,但往往造成的结果就是不敢面对失败。

在一次举重比赛中,有3个大男人痛哭不止。有一位是因为受伤了没有完成比赛而痛苦;有一位是因为失误而输了比赛泪流满面;还有一位是这场比赛的银牌获得者。

在接受媒体采访的时候,这位银牌获得者满脸的不甘,他不停地对人们解释:"这完全是一次失误,根本就不是我最好的水平。如果不是因为我的手臂出现抽筋,结果不可能是这样的。"就这样,他不停地解释,最后满眼含泪,竟说不出一句话来。

如果输了的时候总是懊恼、不甘,甚至挖苦、诋毁赢的一方,那么这样的心态只会让别人更加厌烦。很显然这3位哭泣的男人都没能正确地对待自己的失败。其实,既然是比赛,不可能总是赢,何不坦然去面对呢?失败就失败了,只有接受了失败,你才有可能找出失败的真正原因从而变输为赢。

同样是输,有的人就能选择用微笑去面对。曾是两届奥运会羽毛球混双冠军的高俊在一次比赛中首轮就被淘汰出局了。面对这种状况,高俊并没有表现出不甘和沮丧,他仍然保持乐观的心态,对所有人说:"虽然这次有一点儿遗憾,但是下次还是有机会的。"

这样,即使是输了的一方,在对方看来,他依然是强者。如果因为一次的失败便没有了耐心,那么想要在以后的比赛中有优异的表现,应该是一件很困难的事了。输的姿态有很多种,那么为什么不选择最洒脱、最大度的样子?这样,不仅不会被别人厌恶,同时也会为下次的成功鼓足勇气。

其实,正确选择输了以后的姿态,也便是选择了直面失败,这样一来,由失败所带来的恐惧也会跟着烟消云散。

我们说,输要有输的姿态,同样,赢也要赢得光彩。每个人都想得到奖牌,但是就像"君子爱财,取之有道"一样,赢要靠实力,而不是靠旁门左道的歪想法。

大卫和本森同在一家公司上班。一次,公司给员工提供了一个出国进修的机会，但是只有一个名额。应该让谁去呢？在这种情况下，公司决定进行一场演讲比赛，最终让获胜者出国去进修。

于是，公司上下所有人都开始积极准备演讲稿。在演讲前的一个礼拜，本森对正在认真准备演讲稿的大卫说："你何必这样认真呢！"大卫听完以后只是笑了笑，因为他明白自己是多么想要赢得这个机会出国进修。可是本森却对这场比赛表现出毫不在意的样子。

在比赛的前两天，公司公布了演讲的顺序。这个时候，本森忽然表现得非常积极，他开始积极地询问演讲的事情，并不时地向大卫请教演讲的相关事宜。

演讲比赛这天，两个小时以后，除了本森和大卫，其他人都完成了各自的演讲。紧接着就轮到本森了，当本森在台上声情并茂地演讲时，大卫却惊奇地发现，本森演讲的内容正是自己所要演讲的内容。当本森演讲结束以后，获得了所有人的好评。大卫明白，如果这个时候自己还照样演讲相同的内容，就一定会被认为是在抄袭。

可是，如果放弃了上台演讲就代表着失败，而这样的失败是大卫所不能接受的。大卫深吸了一口气，然后暗暗地和自己说："失败并不可怕，但如果连尝试的勇气都没有，那么就比失败更可怕。所以，不管怎样都要去努力尝试一下。"

紧接着，大卫丢了稿子上台演讲，他认真地背完了演讲稿上的内容，但同时也引来了现场的各种议论。

当所有人都认为胜利非本森莫属的时候，公司却宣布大卫是这场演讲比赛的获胜者。所有人都感到不明就里，对此，公司给出了这样的解释："只有真正属于自己的东西，才能将它深深地刻在心里。大卫他赢得当之无愧。"

的确，如果大卫当时因为害怕失败而退缩的话，那么他无疑是失败的；可是在他选择克服失败的恐惧，去迎接挑战的刹那，他就已经成功了。

是啊，也只有内心强大、勇于克服失败恐惧的人，才会赢得如此光彩夺目，就算是输，也照样可以输得华丽！

本森出于对失败的恐惧，觉得凭借自己的实力根本没有办法战胜大卫，所以便企图窃取大卫的"果实"，然而最终的结果无非是让自己输得更加难堪。如果本森一开始就抱定通过光明正大的方式与大卫一决高低的信心，那么最后获得出国进修机会的人不一定是大卫。只可惜，本森没有明白这一点，以为凭借自己的小聪明就可以轻松赢了对方。

当我们面对失败时，不仅要调整好自己的心态，同时也要正确看待输赢之间的关系，不要最终赢得了比赛却反而输掉了人格，这便是得不偿失的事了。

有个男孩曾是一个具有足球天赋的优秀运动员，但在一场国家级足球比赛中射点球的时候，男孩出现了偏差。这个点球如果射门成功，那么这场足球比赛的赢家便是男孩所代表的国家，可是因为男孩的失误而造成了这个国家第一次可以获得足球冠军的希望化成泡影。

从此，这个男孩便成了给国家的荣誉造成影响的罪人，大家开始纷纷指责他。他自己也一度沉浸在失败带来的痛苦里，认为是自己的失误才导致球队失败的，甚至拒绝再次接触足球。

他的好友开始鼓励他，并以各种方法激励他，希望他可以重新振作起来。可是，他每次都拒绝朋友的好意。直到有一次他看到了一个没有右臂的男孩在拼命地练习乒乓球时，那一刻他动容了。别人在命运的面前都选择不屈服，难道自己还要一直逃避下去吗？

终于，他鼓起勇气，再一次站到了足球场上。从此，射点球失败的恐惧再也无法对他造成影响，后来，他成为一名优秀的球员。

如果我们问克服对失败的恐惧有没有什么捷径，相信答案只有一个——不逃避。我们只有在正视自己的失败时，才能走出并克服失败带给我们的阴影。对待输赢，一定不要逃避，这样才能收获更为精彩的人生。

比输赢更重要的其实是我们不断地跌倒后再爬起来的过程中收获的成长，以及对人生的领悟。

◎ 改变命运从改变态度开始 ◎

命运也许给予我们一出生就不得不面对的苦难，但是，不是有个词叫"人定胜天"吗？很多人在看到他人成功的时候总会说这是命运的安排，或者在遇到机会的时候总是畏畏缩缩，不敢上前争取，而这种情况下给出的理由依然是：我恐怕没有那个命。

命运是一种很玄妙的东西，那些所谓的命运的宠儿会告诉你：不抱怨、不退缩，命运就在自己手中。

拿破仑自幼家境贫寒，原本他的父亲是身世显赫的贵族，但后来因为家道中落而穷困不堪。尽管如此，拿破仑的父亲还是四处借钱将他送到一所贵族学校去念书。那些家境优越的学生却对拿破仑的寒酸进行了各种嘲讽。为此，拿破仑觉得十分难堪。

刚开始的时候，看到那些在自己面前炫耀的人，拿破仑总是选择沉默。但后来他实在是难以忍受了，就写了一封信给父亲，抱怨自己的苦楚。父亲很快就回信了，但仅仅只有两行字："我们的确贫穷，但是你还是要坚持在那里读完书。等到你将来成功了，一切都会为之改变的。"

父亲的这些话让拿破仑很受启发，于是他在这所学校里认真地念了5年书，直到毕业。在这5年里，他遭受了同学们的各种欺负和嘲笑，但这反而不断地激发了拿破仑的志气。

拿破仑20岁那年，他的父亲过世了，家里只剩下他和母亲两个人。这个时候，他已经是一名少尉了，可是他所赚到的薪水也仅仅只够维持他们的日常生活。由于他身体瘦弱，家境贫寒，因而在军队中处处受到别人的轻视。不仅同伴看不起他，就连他的上级也不愿意提拔他。因此，当他的同伴们在闲暇时都在玩乐的时候，他却把所有的时间和精力都用在学习上，他想要靠自己的努力和知识来获得成功。

拿破仑在一间又闷又小的房间里苦学了好几年，仅仅从各种书籍中摘录下来的文摘就可以印成一本4千多页的书。不仅如此，拿破仑还常常想象自己是在前线指挥作战的总司令，把科西嘉当作战争双方的必争之地，他甚至还画了一张非常详细的地图，用极为精确的数学方法计算出各个地方的距离，并详细标注着各个地方应该如何防守和进攻。通过这种练习，使得他的军事才能快速提高，最终受到了上级的肯定和赏识，从而走向了成功之路。

对于那些我们无法决定的事，我们所能做的便是不抱怨，相信无论怎样的出身都不能决定一个人将来所取得的成就。

罗斯福曾经说过："除了你自己之外，没有人能贬低你。"成功者们从不认为什么事情是不可能的，他们充分肯定自己的判断和能力。所以，有了梦想便要去努力，永远都不要给自己贬低自己的机会。

在人的一生中，机遇与挑战并存，只有不断地克服周围的环境所带给我们的困扰，才能不断地赢得挑战，并获得更多的机遇。

有一位水手带着自己年幼的孩子去参观凡·高的故居，在看到那张小木床和开了口的皮鞋以后，儿子好奇地问父亲："凡·高不是一位非常有钱的百万富翁吗？"

父亲摸摸儿子的头，回答："凡·高是一位连妻子都娶不起的穷人。"

第二年，这位父亲又带着儿子去丹麦参观安徒生的故居，儿子再次不解地问："爸爸，安徒生不是生活在城堡里面吗？"

父亲听后，笑了笑说："孩子，安徒生的父亲是一位鞋匠，他就在这栋小阁楼里面生活着。"

这个小男孩便是后来美国历史上第一位获得普利策奖的黑人记者，他的名字叫伊尔·布拉格。后来，他向人们回忆自己的童年时说："那个时候，我们的家里很穷，父母都是靠做苦力为生。很长的一段时间里，我都认为像我们这样身份低微的黑人是不会有什么出息的，但是幸好我的父亲让我认识了凡·高和安徒生。这两个人的故事让我明白，上帝并没有看轻卑微的人。"

这个故事告诉我们，我们改变不了自己的出身，但是，我们不应该因此而觉得卑微。贫穷与富有并不能决定我们是非凡还是平庸，出身掌握在父母的手中，但未来是掌握在自己手中的。

每个人从生下来就会有各种各样的差异。外貌有美丑、身材有高矮、家境有穷富……但是，尺有所短，寸有所长，上帝在关闭你一扇门的时候，必定会为你打开一扇窗，与其抱怨自己的缺点，不如发挥自己的长处去获得别人的认可。不断地抱怨对你没有任何帮助，反而会让你在抱怨的过程中被不思进取吞噬掉。当你到达人生终点方才觉得碌碌无为时，便为时已晚。

人生本是五味瓶，酸甜苦辣咸皆在其中。我们虽然做不到扼住命运的咽喉，但至少我们可以做到在面对命运时不去抱怨和退缩，淡然享受自己的人生。

◎ 挑战无处不在，出发吧 ◎

挑战自古就有，并且无处不在。而自信心是成功者获得成功的重要因素之一。爱默生曾经说过："自信是成功的又一秘诀。我不敢说凡是具有自信心的人都能够成才，但我相信一个成才的人一定具有百战不殆的自信心。"从古至今，但凡取得成就的人必定是拥有着强烈自信的人。

信心对于一个人来说就是照亮自己前行的火把。一个对自己都没有信心的人是不会得到他人尊重的。试想一下，如果你对自己都没有信心，那么他人又怎么会对你有更高的期望呢？

古时候，有一个学僧十分不自信，老是觉得自己又笨又傻，因此，不管做什么都是畏首畏尾的。有一天，禅师给了他一块石头，让他去菜市场把这块石头卖掉。

这块石头不仅很大，而且外形还非常美观。临走之前，禅师对他说："你要记住一点，我只是让你试着去卖掉它，而不是要你真的去卖掉它。要学会观察，多问一些人，然后再回来告诉我它在菜市场上可以卖到多少价钱。"

在菜市场上，很多人在看到这块石头以后都想着：可以买回家给孩子玩、可以买回家当作摆设、可以买回家仔细研究一下。于是，他们纷纷出价，但只是几个小硬币的价格而已。后来，学僧回去告诉禅师，说："禅师，这块石头不值钱，只值几个小硬币。"禅师听完之后，笑了笑说："你明天带着这块石头再去黄金市场一趟，问一下那里的人肯给多少价钱。当然，不管他们出多少价钱,你都不可以卖掉它。"

学僧从黄金市场回来以后,十分兴奋地对禅师说:"太不可思议了!有人居然愿意出 2000 元钱来买这块石头!"

禅师听完以后,又让学僧带着这块石头去珠宝市场问价。结果,让学僧感到意外的是,居然有人肯出 6 万元钱的价格来购买这块石头。他们见他怎么也不肯卖,便一再提高价格,甚至有人出到 10 万元钱的高价,他也坚持不肯卖。于是有的人就愤怒了,说:"我出 40 万元的价格,你到底卖不卖?或者你说个价格,我都愿意买!"尽管如此,学僧仍然坚持不肯卖。最后,前来加价的人居然越来越多。

学僧从珠宝市场回来以后,对禅师说:"那些人似乎都疯了,他们居然出那么高的价格来购买这块普通的石头!"

禅师微微一笑,拿回学僧手中的石头,然后意味深长地说:"你把自己定位成什么,那么结果就会是什么。如果连你自己都不敢相信自己,那么你的价值也只会像这块石头在菜市场上的价钱一样。"

事实上,这个故事告诉了我们:只要肯相信自己,就会找到自己前进的方向,才会发现自己的优点和特长,生活也才会变得更加丰富多彩。只有做了自己应该做的事情,走了自己该走的人生道路,人生才会越发充实。千万不要在心里为自己的能力设定一个限制,只有抛开那些顾虑和担忧,相信自己的能力,才会拼尽一切地去努力,从而真正地发挥出自己的内在潜力。

电视剧《亮剑》的主人公李云龙曾经说过这样一句话:"面对强大的敌手,明知不敌也要毅然亮剑。即使倒下,也要成为一座山、一道岭。"这正是这位"战无不胜、攻无不克"的常胜将军一生的写照,也是激励了很多人的铿锵言语。

在平安县的战场上，山本率领着他的一支部队突袭了李云龙的指挥所，整个赵家峪的百姓全都被杀害了，就连赵政委也受伤了。面对着凶残的敌人和各种先进武器，李云龙没有一丁点儿的退缩。转移到安全地区以后，李云龙立即下令让各营、连、排迅速归队，准备攻打平安县。最后，山本抓来李云龙的新婚妻子秀芹作为人质，然而，李云龙却毅然决然地放下了儿女情长，用土炮去攻打城门，最终攻下了平安县城。

李云龙用自己的实际行动诠释了亮剑精神，面对敌人时，他毫不退缩，勇于拼搏，并靠着这种精神赢得了一次次的胜利。

"剑锋所指，所向披靡"，这是何等的气魄！只有勇者才敢于在面对艰难困苦时说出此等豪壮之语，作出这般惊天之举。当我们直面困难时，就是要直接与它交锋，并采取适宜的战略战术与之交战，冲破阻碍、踏过羁绊，最终获得光明。

那么在人生的道路上，我们是否也有这样的亮剑精神呢？人生就像一个战场，当需要战斗的时候，你有想过临阵脱逃，有想过退缩撤退吗？

其实有时候并不是没有路，而是路就在眼前，只是你不知道该如何走下去。你常想是否有些什么东西遗落了，可当你转身转了一圈，四周却一片空旷，你遗失的只是你自己。

某位著名诗人写下这样的诗篇："当蜘蛛网无情地查封了我的炉台，当灰烬的余烟叹息着贫困的悲哀，我依然固执地铺平失望的灰烬，用美丽的雪花写下：相信未来！"这告诉我们：无论你处在多么艰苦、多么绝望、多么无奈的境况下，只要心之所向，有无畏的精神，并且坚持不懈地努力，始终相信未来，终会有所收获。

枭逢鸠，鸠曰："子将安之？"

　　枭曰："我将东徙。"

　　鸠问："何故？"

　　枭曰："乡人皆恶我鸣，以故东徙。"

　　鸠曰："子能更鸣，可矣；不能更鸣，东徙，犹恶子之声。"

　　枭在面临困境时选择了懦弱地逃避。而最终无论迁徙到何处，也都免不了"犹恶子之声"的窘况。由此可以看出，我们在遇到困难时决不应逃避，要做的是通过冷静的分析后确定是否应该改进自己，从而直面困难，最终克服。

　　我们必须知道，困难是客观存在的，它并不以人的意志为转移。所以，请坚定地相信自己，并大胆地迎接挑战吧。

　　要相信自己，手中的天地是由自己创造；要相信自己，超越自己后将会成为第一。任何成功都需要努力，只有拼搏才能取得胜利。在挥汗如雨的时候，要相信自己一定能取得最后的胜利。相信自己，这是对自己最好的安慰；相信自己，这是对自己最好的奖励。

◎ 你要躲一生一世吗 ◎

　　恐惧的特征就像是一种尚未来临的危机，它往往寄生于尚未触摸到的将来中，人们对危险的惧怕往往要比危险本身更可怕。如果我们无法从自己内心中真正克服恐惧，那么这个阴影就会一直跟着我们，变成一个怎么也无法摆脱的噩梦。

这就好比对失败的恐惧一样，只是这样的恐惧除了来源于失败，同时也来源于其他方面。

这是一个与世隔绝的小山村，生活在这里的人祖祖辈辈都没有离开过这里，也从来都不了解外面的世界到底是怎样的。原来，村里唯一和外界联系的道路被一只凶残巨大的怪物占据着。村里流传着一句告诫就是：无论如何都不要靠近怪物，要不然只有死路一条。

在保罗还是一个很小的孩子的时候，就常常会听到祖母的告诫："千万不要去靠近山里的出口，那里有着一个可怕的怪物。"然而随着年龄的增长，已经长成一个健壮小伙子的保罗却对外面的世界越发好奇和向往，他开始一次次地计划着如何去打败那只怪物。

保罗拥有技艺超群的箭法，就算是村里的老猎手也比不上他。保罗觉得自己完全可以打败那只怪物，但是他的这个想法却遭到了全村人的反对。他们觉得一直以来都和怪物相安无事，保罗如果去挑战怪物，势必会被怪物吃掉。

大家的阻拦并没有让保罗放弃，他还是想要去试一下。于是，等到了天黑以后，保罗趁着大家熟睡的时候，悄悄地带着弓箭出发了。

在快要到达山口的时候，保罗感到十分紧张，他看到远处有个巨大的影子在不停地晃动，而且样子看起来非常凶猛。保罗的心里开始有点儿害怕了，但是转念一想，既然已经来了，无论如何都要试一下。于是，他勇敢地朝着怪物走去。

可是，当保罗接近怪物的时候却呆住了，原来所谓的怪物只不过是一只蜥蜴而已。

因为村里流传下来的告诫"千万不要接近怪物否则必死无疑",村里的人从没有走出过大山。这是因为村里人对"怪物"无比恐惧的心理,后来因为保罗的勇敢才揭开了这困扰着祖祖辈辈的怪物的真面目——只是一只蜥蜴而已。从此以后,村里的人也终于可以走出大山了。

生活中同样也是如此,知难而上是一种精神,如果只是因为听说或者在模糊的印象中将"对手"(人或物)无限扩大化,那么犹豫和恐惧感将会使自己备受困扰。

生活中,有人恐高,有人晕血,大家会觉得这是小事情,但是如果通过自己的努力可以直面这样的恐惧,那么这将会使人一瞬间成长。恐高的人就去蹦极吧,晕血的人也完全可以通过自己的意志战胜这样的恐惧。如果战胜了这些小的恐惧,那么在你的人生之中无论什么样的恐惧都将会被一一征服。

我们不妨再来看一位资深滑雪教练的授课心得。

"我在教别人滑雪的时候,有很多从来没有穿过滑雪板的人总是害怕自己从高坡上冲下去的时候,会因为速度过快而无法停止,或者害怕因此而摔倒。他们总是不停地在自己的脑海中想象着各种各样的可怕场面,因而形成了一种对滑雪的恐惧。到后来,他们就真的不敢滑雪了。通常这个时候,我帮助别人克服恐惧的方法非常简单,就是我亲自去实践他们脑海中的恐惧场景,并要求那些初学者在一旁观看整个实践的过程。也就是说,如果有人害怕速度太快而无法停止,我就会向他们演示在什么情况下是没办法停止的。最后再演示如何做就可以停止下来。

"这样一来,通过我的演示而重现恐惧,初学者就会明白所谓的恐惧其实只是自己想象出来的。实际上,那些事物的本身并没有自己想象中那么复杂,只有通过实际行动才能改变人们的思维,也就是所谓的'直接面对'。"

滑雪教练的心得告诉我们，大多数时候，人们的恐惧是因为自身的弱小而产生的。因为弱小，就会让人感到不安全，觉得自己的利益得不到可靠的保护。而利益是自身的一层保护膜，利益得不到保护，自身也就会感到不安全，并进一步产生恐惧。

所以，多数的人都会选择逃避。但是要知道逃避并不能将恐惧消除掉，它总会在不经意的时候跑出来困扰你，让你寝食不安。如果你愿意直面恐惧，你就会发现不一样的自己。

在恐惧面前，你应该正视自己、增强自己的信心、沉着去面对，这才是人生。而想要获得生命中美好的一切，首先要做的就是准备，而不是心生畏惧。真正的强者从来都不是天生就拥有超凡的能力，而是因为他们具有百折不挠的毅力和勇气。如果不想做一个懦弱的人，就勇敢地面对将要经历的一切。

第三章 ╱ 豁达包容的态度
不争也会有所得

在某些人心中，斤斤计较成了为人精明的象征；豁达包容成为傻瓜的代名词。那些人真的是傻吗？若干年之后，很多人惊讶地发现：精明人往往没有傻瓜成功，更没有糊涂人过得快乐。原因很简单：学会宽容，给成功创造机会，在释然中享受快乐。有了豁达包容的态度，冰冻的心会重新苏醒，恩恩怨怨也会烟消云散。

◎ 报之以德，容之消怨 ◎

在我们的生活中，人与人之间难免会发生一些摩擦、误解乃至纠葛、恩怨。如果选择把怨恨装在心里，那么生活就如同负重登山般寸步难行，最后只会让人精疲力竭。

当一个人陷入无止境的烦恼中时，就会错过人生中许多美丽的风景，失去生活中很多的乐趣。通常，一个喜欢抱怨并且充满怨恨的人，会比被他抱怨和怨恨的人生活得更加不快乐。所以，当我们在被人伤害的时候，不妨学会宽容、学会忍让。

然而，所谓的忍让并不是懦弱和退缩的表现。只有放下怨恨、学会宽容，才能与人和谐相处，才能最终赢得他人的信任和好感，才会获得他人的支持和帮助。

战国时期，梁国和楚国有一段共同的边境，于是，两国的百姓就各自在边境两边种了一块瓜田。梁国的百姓非常勤劳，常常会去给瓜田浇水施肥，因而他们种的瓜生长得很好。与之相反的是，楚国的百姓却十分懒惰，很少会去给瓜田浇水施肥，因而他们种的瓜生长得很不好。

楚国百姓看到梁国百姓种的瓜田比自己的要好，就十分忌妒，于是，就趁着天黑将梁国人的瓜田给糟蹋了。

梁国百姓在得知这件事以后非常气愤，就跑去向当地的县令请求："请让我们也去把楚国人的瓜田给毁了吧。"县令听完这话，生气地说："怨恨就是灾祸的根源。别人忌妒你、伤害你，你就选择去报复别人，这种做法是非常偏激的。"

之后，县令下令让人每晚去给楚国人的瓜田浇水灌溉。楚国人早晨去瓜田一看，发现瓜田已经浇过水了。如此一来，在梁国人的帮助下，楚国人瓜田里的瓜秧越长越好。

对此，楚国人感到十分好奇，就开始暗中调查，才发现这一切都是由于梁国人的帮忙，于是就把这件事上报到朝廷。

楚王在听说了这件事以后感到很是惭愧，同时也对梁国人的这种宽容精神感到钦佩，于是就派人带着大量的礼品去向梁国的百姓道歉，并请求和梁国彼此交往。后来，楚国和梁国的关系很是融洽，两国的百姓相处得也十分和睦。

如此看来，如果当初梁国人在看到自己的瓜田遭到楚国人破坏的时候选择毁了对方的瓜田，那么只会让矛盾变得更加激化，彼此的怨恨更深。

很多时候，我们都需要去宽容和忍让别人，而不应该总是去斤斤计较、睚眦必报。宽容不仅可以给别人改正错误的机会，同时还能让自己感到快乐。

老子的"以德报怨"、孔子的"以直报怨，以德报德"。都是教诲我们为人处世时心胸要豁达宽厚，以君子般的坦荡胸怀应付一切，宽以待人。

诸葛亮七纵孟获、蔺相如三让廉颇，古人不仅在宽容上给我们做出了榜样，还给我们在人格方面树立了另外一个标准。

有人把宽容比作沁人心脾的清茶，让人感到惬意、舒适、从头到脚得到放松；有人把宽容比作浩瀚无垠的宇宙，让人觉得是那样的敬畏、博大、神圣以及自身的渺小。那真正的宽容到底是什么？也许正如《宽容之心》中所写："一只脚踩扁了紫罗兰，它却把香味留在了那脚跟上，这就是宽恕。"

蔺相如对赵国来说可谓功劳显赫，因此深受赵王的器重。然而，廉颇却对蔺相如嗤之以鼻，并扬言一定要找机会在众人面前羞辱蔺相如。

蔺相如在听说了这件事以后，不但没有怨恨和报复廉颇，反而处处有意无意地躲着廉颇，避免和他发生正面摩擦。后来有一次，当两人的马车刚好在路上遇到时，蔺相如竟然下令让车夫退避一旁让廉颇先行。

盛气凌人的廉颇终于被蔺相如的忍让和大度给感动了，并意识到自己的狭隘和无礼，亲自到蔺相如的府上去负荆请罪，希望可以得到蔺相如的原谅。最后两人成了生死之交，也在客观上保护了赵国长久的平安。

冤冤相报何时了，得饶人处且饶人。这说的是一种大度的宽容、一种不拘小节的潇洒、一种博大的胸怀、一种伟大的仁慈。"忍一时风平浪静，退一步海阔天空。"对于别人对自己的冒犯，必要的批评与指责无可厚非，但若能以宽容之心度他人之过，以博大的胸怀去宽容别人，就会让世界变得更加精彩。

释迦牟尼曾说:"以爱对恨,恨自然消失;以恨对恨,恨永远存在。"纵然你是一个自认为很宽容的人,往往也很难容忍别人对自己和亲人直接恶意的诽谤和致命伤害。即使是暂时的原谅,也不能把过去的记忆像流水一般地抛掉。但我们要知道,怨恨终究会给我们的心灵带来伤害,而宽容却是解除心灵疙瘩的良药。唯有以德报怨,才能赢得一个充满温馨、无比广阔、和平的世界。

的确,被人曲解和伤害,本能的反应往往会是报复,因为报复可以发泄心中的那一股怒气、减轻心中的怨恨,可是这样做也会进一步激化彼此的矛盾,坠入"冤冤相报何时了"的深渊。所以,要避免误入"歧途"或者走出困境,最好的办法就是选择宽恕。

如果我们做不到宽恕别人,也就很难从别人那里获得宽恕。因此,当你在遭遇到别人有意或者是无意的"伤害"时,不要一味地去想着报复,而应该学会宽容。

◎ 身居高位,要容得下别人的质疑与反驳 ◎

古人云:"人非圣贤,孰能无过?"有了过错就要容得下批评,尤其是地位越高的人就越要有勇于接受批评的心态。

人们总是说,别人的批评可以作为对照自己的一面镜子。虚心接受批评,能够改正自身的缺点,成就一番事业。可是,有的领导者在身处高位之后,只愿意去听一些奉承赞美的话,而不愿意听取任何批评的意见。甚至个别领导对批评和反驳的声音不是"言者无罪,闻者足戒"、"有则改之,无则加勉",而是"老虎屁股摸不得",一旦听到任何与自己不同的意见就会严词厉色或者拒之耳外。

李曼刚刚到一家看似不错的公司上班，可是却发现这样一个现象，不管是领导还是同事都不愿意去虚心接受任何批评，有的时候就算是实话实说也会引起不愉快。一旦有人提出了批评或者是反驳的意见，不管是对是错，都会让上下级和同事之间的关系出现紧张，甚至有时还会出现争吵。

时间一久，大家就都变得聪明了，没有人愿意提出任何批评或者反驳的声音了。哪怕是领导作出一些错误性的决定时，也不会有人提出质疑。

"事实上，如果领导者能够坦诚地接受下属的批评，那么工作效率将会提高很多倍。"李曼无奈地说。

在这种情况下，公司的业绩逐渐下滑，李曼又不得不重新找工作了。

有时候别人的批评并不是对我们本身的不满，而是对我们善意的提醒。别人的提醒可以让我们明白自身还存在着哪些缺点，从而去弥补和改正它们，进而完善提升自己。所以，能够得到批评其实是一件非常幸运的事情，对于别人给予的批评和反驳，我们更应该抱以宽容和虚心接受的态度。

张老师时常抱怨，学校的校长就非常不愿意听到任何批评，只要是他作出决定的事情，别人很少会去提出批评或者反驳的意见，最多也就是提一些看似是建议，其实是赞扬的"完善性意见"。

可是张老师坦言，不喜欢批评已经成了许多人的通病，就连她自己也曾因为听不惯批评而和对方发生了争吵。

张老师说："其实后来我非常后悔，可是当时根本没办法控制自己，一听到批评，第一反应就是要去反驳对方，认为对方是和自己过不去。"

事实上，无论你的职位是高是低，只要对方的批评意见是正确的，你就应该去虚心接受。

另外，不要认为自己接受了别人的批评，自己的领导权威就会受到挑战和质疑。相反，如果你能够虚心地接受别人正确的意见，反而会赢得下属们的拥戴和称赞，他们会认为自己跟对了领导。有时候，身处高职的你因为接受了下属正确的建议，还会让你的员工、整个公司甚至是国家看到希望。

林肯是美国连任两届的总统，曾被评为影响美国100位人物第1位。

就是这样一位对美国具有深远影响的领导人曾被他的下属陆军部长史丹顿大骂是该死的傻瓜。很显然，史丹顿的这种行为是大不敬，可是他为什么又要这样说呢？林肯又是如何应对的呢？

事实上，林肯为了讨好某个政客而签署了一道转移某些兵团的命令。史丹顿在接到这个命令以后不但拒绝执行，甚至还大骂林肯居然会下这样一道命令，根本就是一个大傻瓜。

事后，有人把这件事告诉了林肯，林肯在听完以后，十分平静地说："如果史丹顿说我是一个大傻瓜，那我肯定是，因为史丹顿一直以来都是对的。我必须弄明白这到底是怎么一回事，还有我到底错在什么地方了。"

林肯真的去找了史丹顿，而史丹顿也确实让他明白自己真是错得很离谱，紧接着，林肯便撤销了这道命令。

对于史丹顿的批评甚至是责骂，林肯并没有愤怒或者打击报复，反而是感激对方，因为他敢于向自己提出批评。而在史丹顿看来，林肯这样的领导者才是自己要跟随的人。

我们在日常交往中，需要"以人为镜"。别人的批评可以清楚地告诉我们什么是正确的、什么是错误的；什么是应该去做的、什么又是不应该去做的；什么人是我们应该结交的、什么人又是我们应该远离的。

历史上有名的英明君主唐太宗就是"以人为镜"的典型，他善于听取别人的建议，并勇于改正，甚至在谏臣魏徵死后还感慨道："以铜为镜，可以正衣冠；以古为镜，可以知兴替；以人为镜，可以明得失。今魏徵已去，吾失一镜矣。"

所以，领导者要在虚心接受批评中找出自己的不足之处，并不断完善和提升自我。另外还要在接受批评中养成谦虚谨慎的好习惯。唯有如此，方能成为一名合格优秀的领导者。

◎ 以和为贵，化敌为友 ◎

现实生活中，我们要谨记"为人处世，以和为贵"，要学会巧妙地去化解矛盾，为自己创造和谐的生活环境。很多时候，人和人之间发生矛盾往往是因为特定的因素造成的，这个时候只要肯抱着一颗豁达的心，友好真诚地去和对方相处，那么矛盾也自然会化解于无形之中。

矛盾是无时无刻不存在的。如果把矛盾激化，只能带来更多不必要的麻烦，如果能把矛盾消解于无形，那对双方都是一个化敌为友的良机。

卡尔是一位卖砖的商人，最近却因为一位对手的竞争而陷入困境之中。这位竞争对手总是对一些建筑师和承包商说："卡尔的公司不可靠，砖块的质量不好，甚至公司还面临着关门的危险。"

对于这些谣言，卡尔解释说："我并不认为这会严重影响到我的生意。但是这件事却让我感到十分气愤，想要狠狠地暴揍对方一顿。"

卡尔继续讲述道："一个星期天的上午，我去教堂听牧师讲道，讲道的主题是要施恩给那些故意与你为难的人。我很认真地听完了所有的内容。就在上个礼拜五，我的竞争者让我失去了一份大订单。可是牧师却让我以和为贵，化敌为友，而且他还举了许多例子来证明他的理论。当天下午，我在安排下个礼拜的日程表时，发现我的一位客户因为想盖一座办公大楼而需要一批砖，而他所指定的砖的型号却不是我们公司制造供应的，但是却和那个竞争对手制造的产品很相符。同时，我很肯定我的竞争对手并不知道有这笔生意。

"这让我感到很为难，是按照牧师的教诲告诉给对手这笔生意，还是置之不理，让对手得不到这笔生意呢？到底该怎么办才好呢？

"我为此想了很久，最终，我给对手打了电话，告诉了对方那笔生意。结果，那个对手很是尴尬也非常感激我。"

后来，这位竞争者不仅停止散布卡尔的谣言，甚至还把一些无法处理的生意转让给卡尔去做。

这个故事告诉我们，化敌为友的最好方法往往就是抱着宽容的心态，心平气和地去对待对方。这样一来，反而会收到意想不到的结果。

在我们的现实生活中，这样的事情比比皆是，很多人往往未曾意识到现在拥有的成绩完全是拜"对手"所赐，甚至会对对手有一种灭之而后快的冲动，即便暂时没有能力消灭对手，也会在背地里暗暗地使用一些破坏性的小手段泄愤，并以冷漠的态度视对手为仇敌，或者抓住机会嘲弄对手一番，至于给对手献花是他们根本不曾想过的事情。

其实，完全没有必要视对手为眼中钉、肉中刺，因为没有对手或敌人是一件可悲的事情。换一个角度思考，他们既能唤起我们的斗志，也能促使我们奋发向上。所以对手不仅是我们的挑战者，也是我们的同行者。我们应该感谢自己的对手，是他们让我们不断取得进步，使我们的人生变得更加完美。

所以，精彩的人生离不开可敬的对手，以和为贵，化对手（敌人）为朋友才是一种人生的大智慧。

英国历史上唯一留名至今的剑手欧玛尔，他有独属于自己的取胜秘诀，被人称道。

曾经，有个敌手与欧玛尔斗了30年也不分胜负，两人可谓势均力敌。在一次决斗中，那位敌手从马上摔了下来，对于已经持剑跳到他身上的欧玛尔来说，这无疑是战胜他的最好机会。

敌手不屑地向欧玛尔的脸上吐了一口唾沫，此时的欧玛尔在一秒钟内就可以杀死他，但出乎意料的是，欧玛尔收起了手中的剑，对敌手说："我们明天再打！"

敌手有点儿惊讶，甚至糊涂。

欧玛尔说："30年来，我一直常胜不败是因为我在修炼自己，让自己不带一点儿怒气作战。刚才你吐我口水的瞬间确实动了我的怒气，但如果此时我杀死你，我就再也找不到胜利的感觉了，所以，我们只能明天重新开始。"

那个敌手被欧玛尔的胸怀、气度和深厚的修为所折服，他甘愿拜欧玛尔为师。因为欧玛尔在面对他无礼的举动时并没有气愤地与他针锋相对，而是努力让自己保持心平气和。

这场争斗永远地结束了，故事最终以二人冰释前嫌、化敌为友而告终。

面对那些令人不愉快的冲突，面对那些不可一世的对手和敌人，我们不妨保持一份平和的心态，以理智之态处理，如此敌人也能成为朋友，烦恼也能转为菩提。

星云大师曾经说过:"人生最大的敌人不是别人,而是自己。人生最大的胜利不是制敌,而是克己;以势压人,让人心口不服。以理服人,让人心悦诚服。"他告诉我们,不管别人的所作所为让我们多气愤,我们也要提醒自己冷静、冷静、再冷静。心平气和之下,我们的内心世界将不受任何的羁绊,在不知不觉中便会创造出许多美好和奇迹。

古今中外,凡成大事者,莫不是以宽大的胸怀掌握住了大局面,以和为贵的思想,让他们化敌为友共谋千秋大业。齐桓公不计管仲一箭之仇,拜其为上大夫,管理国政而成就霸业;李世民发动玄武门之变,不计魏徵曾建言谋害自己之前嫌,重用魏徵,从而治国安邦,终成盛世。

以宽容之心对待对自己有敌意的人,其基本的指导思想是"以和为贵"。宽容待人,以和为贵,是处理内部争斗、朋友之间的过节和家庭矛盾等问题的有效心理策略。它化解了激化矛盾的危机,更能拥有通达的人脉,助你走向成功。

生命是多么的短暂,对手(敌人)与我们的"相互残杀"只会让怒气与仇恨严重地破坏了我们的理智,摧残了我们的心灵,让我们在痛苦的深渊中苦苦煎熬。显然这并不是人类的智慧,我们要以宽容之心对待我们的对手(敌人),以和为贵,化敌为友。

◎ 包容,是高贵的选择 ◎

很多人容易得到快乐,因为他们选择了包容。当我们抓起泥巴气愤地扔向别人的时候,第一个弄脏的反而是自己的手;可是当我们把鲜花送给别人的时候，首先闻到香味的也是我们自己。在包容他人的时候其实就是宽容了自己，这样既消除了前进路上的障碍，又不会招人忌恨。

然而，一些人总是处于烦恼之中，最直接的原因就是因为他们的心胸不够宽广。一个以宽大的胸怀礼让对方的人，往往会后福无穷。真正懂得礼让和包容的人，他的人生道路就会越走越宽。一个人只有具备宽广的心胸，才能不断地为自己的人生注入新的活力。

一群弟子跟着一位禅师学习修禅，有一个弟子总是满腹牢骚、怨天尤人，不是抱怨别人对他不好，就是抱怨生活太枯燥。有一天，这个弟子又忍不住向禅师抱怨，禅师什么也没有说，只是叫他到市场中去买盐。

当弟子把盐买回来之后，禅师抓了一把盐放在一杯水中，让那个弟子把水喝掉，然后问弟子："味道如何？"

弟子皱着眉头说："咸得有些发苦。"

禅师又抓起一把盐扔在水缸中，再让他尝尝味道。弟子说："稍微有点儿咸。"

到了最后，禅师把剩下的盐都扔进附近的湖里，然后又叫这个弟子去尝。弟子回答道："好像一点儿味道也没有。"

禅师说："生活中的不快和痛苦就像这盐的味道，痛苦本身就是那么大，我们所能感觉和体验的程度取决于我们将它放在多大的容器之中。所以，当你感到不舒服的时候，请开阔心胸。"

生活就是这样，我们的心胸就是生活的容器。当我们感叹命运不公平的时候，当我们感慨世态炎凉的时候，甚至当我们对周围不满意的时候，我们要做的就是不断扩展我们的胸怀。只有心胸开阔的人，痛苦才会显得微不足道；也只有我们心胸开阔，幸福才会来到我们的身边。一个想要成就一番事业的人，宽广的胸怀是必备的品质。所谓"小不忍则乱大谋"，一个心胸狭隘的人，他的周围往往是敌人而不是朋友；而一个不断包容他人的人，展现的是自己高贵的品质，得到的是他人的信任和尊重。

在一位画家成名之后，市场上出现了很多的假作。按理说，遭遇到这种情况，画家应该想尽一切办法找到作假的人，但这位画家却没有这么做。对于那些冒充他作品的假画也不放在心上，从来没见过他去追究。对于假画，他要么不闻不问，要么只是把伪造的签名涂抹掉。

画家的一位好友对此感到十分不解，便问："你为什么不追究那些败坏你名声的人呢？"

画家笑着说："那些作假的人，要么是没有出名的穷画家，要么就是自己的老朋友。我不愿为难自己的老朋友，那些穷画家的日子也不怎么好过。再者说，那些依靠鉴别真假的专家还需要靠那些假画吃饭，不是吗？"画家顿了顿，继续说道，"如果我执意去追究这些事情，那将会使不少人失去饭碗，并且朋友反目，而我却得不到任何好处。与其这样，何不顺其自然，随他们而去呢"。

朋友听完之后，对画家更为敬佩了，而画家宽以待人的品格也传扬开来。

一个心胸豁达的人，往往是高贵的。画家之所以能成功，不仅仅是依靠着他高超的画技，更重要的是他宽广的胸怀。

什么是包容的最高境界？包容是一种高贵的选择，包容别人的过错，可以让自己从别人带给我们的过错中成长起来，并解放自己，开始新的生活。

当我们选择了怨恨和忌恨，那么生活中将会充满黑暗。当我们选择了宽容，在原谅别人的时候就已经让自己的心灵获得了一次放飞，并且彰显出了自己的优雅和高贵。

◎ 难得糊涂 ◎

不管是在家里还是在办公室，我们会看到越来越多的人在墙上挂着"难得糊涂"4个字。曾经，说谁糊涂，仿佛就给谁贴上了智障的标签，让人羞愧不安。可是，现在"糊涂"却成为很多人追求的处世境界。

很多人不解，为什么我们对糊涂的态度前后差距这么大。其实除了"糊涂"本身的歧义之外，更多的含义是这个快速发展的时代所不可避免的产物。

生活在这个时代的人们，大多数每天都在耗费心血经营自己的生活。他们靠紧绷的神经去面对生活中意想不到的压力，他们总是不断提醒自己要时刻保持清醒的头脑来应付生活中那些措手不及的事情。

于是，被生活所累的人们开始羡慕他人拥有的那份难得糊涂以及与之相伴的潇洒自得。

人们都熟知郑板桥的那句"难得糊涂"，却很少有人知道这个典故的由来。一次，郑板桥到山东莱州云峰山观摩郑公碑。恰巧天色已晚，他便在山下一位号称"糊涂老人"的老儒家中借宿。两人相谈甚欢，大有相见恨晚之意。老人的言行举止表现出超脱凡人的高雅，对事物的态度更体现出了他豁达的胸怀。郑板桥心里隐隐感到这位别人口中的糊涂老人必有一番来历。

他看到老人家中有一块非常大的砚台，石质非常细腻，上面镂刻的花纹也非常精美，不禁连连称赞。老人诚意邀请郑板桥留下墨宝，准备请人把这些字刻在砚台背面以作纪念，郑板桥颇有深意地题写了"难得糊涂"4个字，并盖上了自己的印章。

郑板桥题字后,看到砚台旁边还有很大一块空地,转念一想,便也请老人题写一段跋语。老人没有多加推辞,随手写道:"得美石难,得顽石尤难,由美石转为顽石更难。美于中,顽于外,藏野人之庐,不入富贵之门也。"写完之后也盖上了自己的印章。

郑板桥看到印文的内容居然是:"院试第一,乡试第二,殿试第三。"一下恍然大悟,原来这位"糊涂老人"竟是一位情操高雅的退隐官员,于是敬仰之意油然而生。

他看见砚台还有空隙,便又提笔补写了一段话:"聪明难,糊涂尤难,由聪明而转入糊涂更难。放一著,退一步,当下安心,非图后来福报也。"

可见,难得糊涂所说的绝不是我们单从字面上理解的。它只是一种对事和对人的睿智态度,是对生活方方面面仔细分析过后的聪明抉择。是在时间的长河中经历过不断洗礼后留下来的从容和稳重,也是面对红尘琐事的淡定和智慧,更是一种对世俗的宽容和理解。

有人说过,人生难得糊涂,贵在糊涂,乐在糊涂,成在糊涂。细细品味不无道理,一个人要是不"糊涂",是难以在这个纷繁复杂的世界里保持一颗豁达的心的;不糊涂,就无法在这大千世界之中保持自己超脱的态度;不糊涂,就会处处计较、事事在意,最后弄得自己身心疲惫、心力交瘁。难得糊涂既是对自己的放松,也是对别人的宽容和理解。

如果有人将"难得糊涂"4个字理解成工作当中的睁一只眼,闭一只眼,对事情都含含糊糊,永远都是明哲保身的态度,那么这是对难得糊涂的一种亵渎。

如果有人将"难得糊涂"用在精明非常、过于算计的人身上,就是对这难得糊涂的一种侮辱。

难得糊涂，是一种包容，是一种积极的人生态度。难得糊涂、大智若愚是人们所追求的大智慧。很多时候，我们没有那么多的精力去想，去工于心计，那么不妨大度一些，让别人去做聪明人吧，我们糊涂一次又何妨？

◎ 和气、微笑，这是一种修养 ◎

中国人讲究一个"和"字，以和为贵、和气生财、家和万事兴、政通人和，包括现在提倡的和谐社会，都突出了我们对"和"的追求和向往。不管是家庭中的成员还是社会上的一分子，人与人之间都需要和睦相处、和谐发展。

和，无论是在维护家庭情感还是商场的竞争对手上，都发挥着至关重要的作用。以和为贵的家庭没有口舌之争，家庭成员共享天伦、其乐融融；在和气生财的商场中，有了和，便有了朋友、有了商机，客人买的不仅仅是商品，还有你对待客人的那份态度。

母子二人共同经营着一家水果店，为了充分利用资源，两人轮流守着店内的生意。

母亲生性温和、待人热情，加上又是营业员出身，有多年服务行业的工作经验，所以待客和气已成为她的职业习惯。

有个人去买水果："这水果这么烂，一斤也要卖10元吗？"他拿着一串葡萄左看右看。"我这水果是很不错的，不然你去别家比较比较。"母亲微笑着说。

客人说："一斤8元，卖不卖？"

母亲还是微笑地说:"先生,我一斤卖你8元,对刚刚向我买的人怎么交代呢?"

"可是,你的水果这么烂。"

"不会那么不好的,而且如果是很完美的,可能一斤要卖15元了。"母亲依然微笑着。

不论客人的态度如何,母亲依然面带微笑,而且笑得像开始那样亲切。

客人虽然嫌东嫌西,最后还是以一斤10元的价格买了。

等到那位客人走了,母亲自言自语地说:"嫌货人才是买货人呀。"

这就是母亲经商的场景,即使她心情不好,对待顾客也能一脸笑容,做到有问必答。面对顾客的讨价还价,她会耐心解释,使双方在友好的氛围内成交。如果顾客将价钱砍得太离谱,她也不会"冷脸",总是笑着说:"请到别处看看,货比三家。欢迎再来光临。"

因为小店的水果新鲜又保证质量,而且从不缺斤少两,加之母亲热情周到的服务,使得小店赢得了不少回头客,特别是在母亲看店时,客人可谓络绎不绝。

可是一到儿子看店,店里的情况则截然相反。顾客兴高采烈地进门,他却神情冷漠,一副爱买不买的姿态;谁挑挑拣拣,他就横眉冷对或言辞制止;如果顾客将价钱砍得过低,他就会说出一些不敬之语。他看店的时候不仅留不住客人,还隔三岔五地和客人发生争执,故而店内的生意日渐冷清。

后来母亲不得不找人替换了儿子。

同样的商品、同样的店面、同样的顾客,不一样的只是待客的方式,却产生了迥异的结果。作为生意人,要时刻提醒自己和气生财,不要在乎别人的批评,这不仅是因为对自己的商品有信心,更是人的一种度量。

法国有一家名为拉维耶的酒店，店面不大，生意却异常火爆，让人尤为惊奇的是他们居然没有自己的招牌菜。

我们谁也不会想到老板是位66岁的老妇人，她的和气让人忍不住和她亲近。顾客说我们喜欢来这里，因为这里让我们有种宾至如归的感觉。凡是到过这里的客人都不会忘记服务生们的嘘寒问暖，而店主笑容可掬的神态更像是一位老母亲。

"回到自己的家，做什么吃什么，没有什么可以挑剔的。"这是一个名叫向南的客人说的话。他可是这家小店的常客，因为他在这里已经有了25年的吃龄（午餐）。有人曾不解地问他："你在这里吃了这么多年不腻吗？"他却说："家的味道永远不会让人腻，店主给了我亲人般的温暖。"

向南第一次到这里吃午餐时，心情非常低落，刚被炒鱿鱼的他满怀辛酸，面对人生的十字路口，他不知该何去何从，女店主见状便走了过来，坐在了他的对面，问他发生了什么事情，并免费赠送他一瓶对肝脏有保健作用的中性酒。女店主那可亲又不容置疑的目光，让向南一股脑地说出了心中的不悦。

女店主和善的态度像母亲一样安抚了他焦躁不安的情绪，不仅增加了他的食欲，还让他走出了迷茫。

女店主的和善与宾至如归的经营特色使得她的顾客越来越多，人气和名气也越来越旺，财富也接踵而来。

和气、微笑是成功的法宝，它告诉我们无论我们的职位有多高、成就有多大，都要保持一颗低调、谦逊的平常心；它教育我们无论对方的出身和地位是贫穷还是富有，都要热情、和气、微笑地对待，因为只有这样，我们人生的道路才会越走越宽。

第四章 / 与人为善的态度
你的说服，他的信服

善良是一个人最高贵的品质，无论什么时候，与人为善都不会换来冷脸相待。在说服他人的时候，有人选择凶神恶煞，冀图用威严来让别人信服，结果适得其反；没有人不喜欢看到笑脸，尝试用真诚感动他人，与人为善，那么阳光就会照耀在你的身边。与人为善是智者心灵深处的一种沟通，是仁者内心世界一片广阔的视野。

◎ "对与错"都不是绝对的 ◎

很多时候，我们常常被他人轻易地否定自己的能力。那刻薄的言语与鄙夷的眼神，简直让人无法忍受，如果仅凭一个人的现状不好而去否定这个人，那岂不是太过于草率了吗？

否定一个人很简单，但如果你总是一味地否定他人，那么就会给你带来极其不好的影响，甚至会让人觉得你十分不友善。无论别人怎么不好，你都不要轻易完全否定他。因为宝石有宝石的光彩，石头也有石头的价值。我们不妨先来看一个故事。

张娟大学毕业后，来到一个陌生的城市开始了自己新的生活。她历经千辛万苦终于找到了一份工作，由于她是第一次接触这种工作，又没有什么工作经验，所以有很多地方都不懂，甚至连一些基础的东西都不得不去请教其他人。

然而，当张娟非常谦虚地请教同事的时候，却遭到了一位同事的嘲笑，说她的能力简直差得要命，留在这里根本就没有任何价值，能进入这个公司也必定是走后门托关系的，还时常用鄙夷的眼神看她。为此，张娟感到非常苦恼和难过，于是她便想要离开这里，可是当她想到同事说的那些话时，最终还是咬牙留了下来，并努力工作，从而充分地体现了自身的价值。

最后，张娟以实力赢得了应有的尊重。

看到这里，我们明白了一个道理：当别人的能力还不够时，当别人的能力还未得到完全展现时，请不要去嘲笑他人，更不要去一味地否定他人的价值，或许有一天他会比你更成功。

生活中经常会出现这样一种情况：在对方陈述他们的某种观点时，我们总会习惯性地否定对方，"不是你说的那样"、"你说得不对"、"我不同意你的说法"，等等，仿佛只有自己的高谈阔论才是真理。其实，有时并非对方说得没有道理，而是人们的虚荣心作怪，总是觉得对方说对了，那自己就是错的，会让自己很没有面子。殊不知，就是这样的行为破坏了双方的关系，甚至还会引发人为的"战争"。

其实仔细想想，我们自以为对的想法不过是一家之言、片面之词。所以当我们面对别人的说辞时，要谦虚一点，与人为善，不要一味地否定他人。

世界是丰富多彩的，一个问题并非只有一个答案，换个角度想想，就会有意外的发现。既然有如此多的答案，那么我们就应该尽可能地从多个角度、多个方面考虑问题。

很久以前，一座寺庙里住着老和尚和小和尚两个人。他们师徒二人在寺庙中吃斋念佛，相依为命。小和尚还算机灵乖巧，可是有些时候看待问题或做事情却显得有些固执，总认为自己是对的。

有一次，老和尚给小和尚出了一道题："一个非常爱清洁的人和一个生活很邋遢、不讲卫生的人一同从外面回来，是爱清洁的人先去洗澡，还是不讲卫生的人先去洗澡？"让他给出一个合理的答案。

小和尚仔细地想了一阵，答道："肯定是不讲卫生的人先去洗澡，因为他身上非常脏，需要去洗澡。"老和尚听完小和尚的回答，不置可否。

小和尚以为自己的答案不正确，又改口说道："一定是那个爱清洁的人先去洗澡。"

老和尚听完，只是问："为什么？"

小和尚这次变得胸有成竹了，理直气壮地说："原因很简单，爱清洁的人有爱洗澡的习惯，不讲卫生的人没有勤洗澡的习惯，只有爱清洁的人才会因为长时间没洗澡而先去。"说完，小和尚信心十足地看着师父，等着他老人家的肯定。可出乎意料的是，老和尚非但没有肯定小和尚的观点，反而说小和尚的悟性差，小和尚这下是丈二和尚摸不着头脑了。

"两个人一同去洗澡，爱清洁的人有洗澡的习惯，不讲卫生的人有洗澡的需要。"小和尚补充道。可师父的脸色告诉他，这次他又错了。

小和尚只剩下一种选择，于是怯生生地回答："两个人都不去洗澡，原因是爱清洁的人很干净，不需要洗澡，不讲卫生的人没有洗澡的习惯。"

他的话刚说完，老和尚满意地说："实际上，你把4个有可能的答案都已经全部说出来了，可是之前你每次只认准其中的一个是正确的，这样你的答案是不全面的。因此，单单只拿一个出来都不是准确的答案。"

在我们的生活中，这样的例子并不少见，许多问题也并非只有一个永恒的答案，所以没有必要为了一个不固定的答案而去与他人争辩是非。尤其是在与人的交往中，往往很多时候并非因为说得不对或做得不对，而仅仅是没有全面地考虑问题。

我们在否定和责难别人的同时，自己也同样被否定了。

其实，我们完全可以十分快乐、大方地肯定对方的观点，学会点头称"是"。我们可以欣赏对方的观点、辩词和言论，想想他们有哪些是合理的、正确的、有益于我们的地方。如果在言辞上较劲，很多时候都是无益和徒劳的。

相反，如果自己能够认真地倾听对方的观点，并表示认可，不仅会使我们启悟智思、兼听受益，还会使我们交到更多的朋友。很多时候，当我们面对一个问题时，如果肯换个角度想就会有不同的答案，所以不要总是去否定别人的观点，要学会赞同、欣赏他人。

◎ 我错了 ◎

法国著名作家拉罗什富科曾说过："没有什么人比那些不能容忍别人错误的人更经常犯错误的。"

日常生活中，我们常常会发现周围的人犯这样或那样的错误。如果这时我们直接告诉他们"你错了"或"你这样做是不对的"，那么很可能会引起对方的不满，甚至会引发一场"战争"。因为人是有自尊的，很少有人不会主动去维护自己的意见、看法或是面子。

或许一句简单的批评,就能打破双方的平静,让对方闷闷不乐。冲动的人甚至会暴跳如雷、反唇相讥。

所以千万不要小看"你错了"这3个字的杀伤力,在人际交往中,破坏力最强的莫过于这3个字了。当我们肆无忌惮地用这3个字指责别人的错误时,几乎意识不到这样做会给别人的心中留下创伤。"你错了",看似简单的3个字有时会使朋友变成对手,它在很多时候根本起不到好的效果。

那么如果对方错了,我们又不能直接指出来的时候,又该如何做呢?

博名是一家外企公司的白领,大家都喜欢他,不仅他外表俊朗、学识渊博,更重要的是他从来不直接指出别人的错误。

一次,他让下边的人去打印文件,没想到交到他手里的文件竟有错别字。一般的人肯定会大发雷霆,连一个文件都打不好,还怎么工作啊?可是他不会,他会说:"责任在我,我不该在你打印这份材料的时候没有及时提醒你这份材料的重要性,也没有告诉你这份材料我不急着用,以后我会注意的。现在你回去修改一下。"

博名率先承认错误的行为,让那个文员感受到了他的气场,同时更为自己的不小心、毛躁自责,并暗自发誓以后一定要做一个认真的人。

有人问博名:"你是怎么想到用自己承认错误的方式来引导对方改错的呢。"

博名说:"其实我没有刻意去钻研或是学习,只是因为我父亲身体不好,而我年轻时又少不更事,总是犯下些小错误惹他生气。当他指出我的错误时,我不仅不接受,还找借口抵赖。这样父亲就更加生气,有时候还会用板子打我。有一次,我看父亲脸色不好,赶忙说了一句'父亲,我又惹您生气了,我错了'。没想到父亲半天没有说一句话,后来把我叫到身边摸着我的头说'爸爸心情不好和你没有关系,不是你的错。爸爸管你太严厉了,其实有时爸爸知道那些事情是不怨你的，以后爸爸会改自己的脾气的'。和爸爸的那次谈话，让我明白了学会说'我错了'的重要性。"

看来，如何做到批评但又不伤害他人，是人际交往中一门很重要的学问。被誉为是20世纪最伟大的心灵师长的戴尔·卡耐基曾指出，想对他人表达"你错了"的批评意图，不妨先承认"我错了"，这对疏通关系和解决问题更有好处。

遇到对方的错误，先从自身找原因，善于自我批评，才能引起对方的共鸣，进而引导对方改错。

有一位作家连续20多年都在写社会纪实体裁小说。他的作品无论从语言还是风格上都深受读者的好评。

可是有一年，他尝试着变换风格，推出了一部侦探类新作，这让许多读者无法接受，一时间出现了很多不同的呼声。这时一名愤怒的读者给他写信了，其中很多语句有失偏颇，看得出这位读者对小说艺术的理解并不深入。这位读者言辞激烈，并且犀利地指责他根本不该转型。

这位作家并没有恼羞成怒，而是非常认真地写了一封回信。在信中，他很诚恳地承认自己并不适合悬疑推理题材的写作，他很感谢读者的意见，却只字不提这位读者的不礼貌和认识上的浅薄，并表达了希望以后能够经常互相交流的意愿。

读者没有想到这位作家还会回他信，更没有想到他的态度如此谦逊大度，她为自己的冲动、粗鲁和肤浅而感到惭愧自责，于是在写回信的时候承认了自己的错误。

时间长了，作家和读者成了无话不谈的好朋友。

现实往往就是如此，当我们说对方错了时，对方的反应常让我们头疼，而当我们承认自己错了时，就绝不会有这样的麻烦。这样做，不但可以避免不必要的争执，而且还可以使对方跟你一样宽宏大量，承认自己也可能弄错。

作家用主动认错的方式赢得了读者的尊重，这个故事让我们深刻地体会到"你错了"会为自己树立新的敌人，而"我错了"却可能帮自己赢得新的朋友。可以说，在一个胸襟宽广、能够认识自己的错误、敢于向别人承认错误的人面前，任何问题都将迎刃而解，任何矛盾都将烟消云散。

没有人是完美无缺的，每个人都难免会犯一些错误。当我们想要帮助周围的人去纠正错误的时候，一定要学会讲究方式方法，"学会率先承认错误，引导对方改过"。

◎ 说服之前，先为对方着想 ◎

戴尔·卡耐基被誉为是 20 世纪最伟大的心灵导师和成功学大师、美国现代成人教育之父、西方现代人际关系教育的奠基人。

他利用大量普通人不断努力取得成功的故事，通过演讲和著书唤起无数陷入迷惘者的斗志，激励他们向成功迈进。有人说卡耐基的思想和观点影响着美国人，甚至改变着世界。

卡耐基演讲的地方是从某家饭店租用来的大礼堂，可是有一天，饭店经理却通知他以后的租金要增加 3 倍。在很多人都一筹莫展的时候，卡耐基却选择了与经理面对面地交涉。

"说实话，接到您的通知，我有点儿震惊，不过这不怪您。如果我是您，我也会那样做。因为您是饭店的经理，您的职责是尽可能使饭店获利。您将礼堂用于办舞会、晚会，当然会获大利，但您有没有考虑过如果撵走了我，也等于撵走了成千上万有文化的中层管理者,而他们光顾贵饭店,是您花多少个5000元也买不到的活广告。那么怎样做更有利于您呢?"

整个过程中,卡耐基没有为自己辩护一句,而是站到了经理的立场为经理算了一笔账,抓住了经理的核心需求——盈利,使经理心甘情愿地将天平的砝码加到卡耐基这边。于是经理妥协了。

说服别人,首先要学会换位思考:假如我是他,那么我需要什么?正如美国汽车大王曾说过的一句话:"假如说服有什么成功秘诀的话,那就是设身处地地替别人着想,了解别人的态度和观点。"

卡耐基之所以成功,是因为他站在了对方的角度去考虑问题。当他在说"如果我是你,我也会那样做"时,就已经完全站到了经理的角度。我们千万不要轻视"如果我是你"这句简单的话,因为它能发挥的效力是不可限量的!它可以巧妙地弥补我们言辞上的过失,还能让对方第一时间站在我们的立场上,从而拉近了双方之间的距离。

记得一位销售大师说过:"你永远无法说服任何人买任何东西,因为那只是对你有好处,顾客要的是对他们有好处的东西。"这就是为什么同样的生意,有的人做得好,有的人做得不好。会做生意的人永远在想顾客需要什么、喜欢什么,而不会的总是想着自己,做什么都是出于自己喜欢。

一名硕士研究生正忙着整理自己的毕业论文,如果5月底不能完成就不能顺利通过答辩,也就无法拿到学位。5月底一转眼就到了,由于研究生的论文要求论据翔实可靠,并且要多方面搜集事例,所以他每天还得到图书馆查阅许多书籍。要想如期通过,他只有每天加夜班了。

忙活了一阵子,5月结束了,可是论文还是差个小尾巴,要想完成它至少需要两天的时间。导师非常严格，说情根本是不可能的。

说来也巧，导师刚好要参加一个重要的学术研讨会。通过此会议可以申报新的科研项目，并有可能申请到科研经费。研究生认为导师一定不会放过这次研讨会，于是就连夜给导师打电话。

"老师，我的论文已经完成了，不知道什么时间可以给您过目指导？"

"明天吧，明天就可以答辩。"

"您不是有一个非常重要的研讨会吗？如果明天答辩势必会受到影响。因为您要提前准备材料，明天下午还要去机场。如果将论文答辩推迟3天，您就可以集中精力去开研讨会了，回来后再进行论文答辩。我想与老师商量一下，老师可以根据需要而定。"

导师一听马上答应，还一个劲地夸他善解人意，为他人着想。

研究生利用争取到的时间圆满地完成了论文，还得到了老师的赞许。这不得不说他抓准了老师的需要，站在别人的角度思考问题，也替自己赢得了时间。

站在对方的角度思考问题，就能和对方更好地沟通，并且清楚地了解对方的思想轨迹及其中的"要害点"，瞄准目标，击中"要害"，使你的说服力大大提高。

但是说服除了设身处地地为他人着想外，还要注意自己的态度和语气。如果态度强硬，只会让对方产生抵触心理，还会产生矛盾。如果用商量的语气展开交流，就能消除对方的抵触心理，甚至能毫不费力地打动对方。

俊博为人仗义，凡是朋友有求于他，只要他能做到的，绝对是有求必应。

一天，妻子和他大吵起来，原因是他的朋友因资金周转不开来向他借钱，他二话不说就答应把存折里用来装修房子的钱借给对方。更可气的是，这事妻子还是从向他借钱的鹏那里得知的。

听着妻子的唠叨，俊博知道妻子全是为了这个家，他真觉得自己有点儿对不住老婆，就带着歉意说："不要急嘛，我这不是要和你商量吗？钱还没借出去，你就吵成这样。如果你不同意，我是不会借给他的。只是我们的钱还不够下个月装修房子，而鹏答应我下个月他不仅还我们的钱，还借给我们装修房子的钱。你知道他的生意是很赚钱的。你看，要不我回了他。"

妻子早就盼着早点儿装修好房子了，一听丈夫这么说立马有了笑脸："好吧，只要下个月能装修房子就行，那你明天到银行转账就行了。"他通过这种巧妙的方式完成了一项看似不可能完成的任务。

丈夫之前有没有答应把钱借给朋友已经不再重要，重要的是他用商量的语气，用为家庭着想的心理化解了一场夫妻争执，最终说服了妻子。

设身处地地站在对方的立场上，用商量的语气和对方沟通，相信说服他人就会变得很简单。设身处地是一种难得的态度，当我们习惯了以自我为中心的时候，换个角度，也许我们就能发现新的风景。我们都希望能说服别人，但不知道你想过没有，劝说别人最重要的不是讲道理，而是站在对方的角度上去考虑问题。只有那些为别人着想的人才会得到人们的信任，最终达到预期的目的。

◎ 发脾气能解决问题吗 ◎

在我们的生活中，常常会听到一些生活经验丰富的人总结的一个经验：很多时候，用平和的语调摆事实、讲道理，反而要比发脾气收到更好的效果。

发脾气是允许的，每个人都有不顺心的时候，但不是每个人都能够把不顺心的情绪很好地发泄出来。你千万要谨记，不要将自己的脾气带到别人的面前。

很多时候，道理还是那个道理，只要换一种不同的说话方式，也许就会取得不同的效果。

静淑一想到丈夫就觉得窝火。

今天家里要有客人来，出于对对方的尊敬，静淑照着镜子化了个淡妆。可是没想到丈夫却不乐意了，直冲她埋怨："你看客人就快来了，家里还是一团糟，你怎么只管坐在那里臭美呢？"

"你就不能把话说完吗？你希望我收拾屋子就直接说出来，为什么要抱怨我？你又不是没有手，有支使我的时间，你不也干完了吗？"静淑生气地大喊起来。

丈夫看她生气了，反而安静了。

静淑就不明白，为什么丈夫不先和自己讲道理，反而先生起气来。

这样的事例经常会在我们的生活中上演，人们有时候批评别人，往往只是指出对方哪里错了，而忽略了告诉对方应该怎么做才是对的。

当看到别人做错事时，很容易就会有人批评说："你非这样不可吗？"其实，这句话没有实际内容，只是显示出了批评者的高傲，对解决问题丝毫没有作用，还让对方感到窝火。

批评是否管用，不在于火气有多大或嗓门有多高，关键要看批评者是否是以理服人。

即使是犯了错误的人，也有自尊心，况且绝大多数人是知错就改的。同理，领导在批评下属时，也一定要注意把握好火候，掌握好尺度。

如果对方犯的错误不大，几句话就能解决了，那就点到为止，一次批评已经起作用了，以后就不要再提起了。私下的批评方式要比公开的批评方式有效，因为私下的批评顾及到了被批评者的脸面。当然，有些错误必须采取公开曝光的形式指出来，决不能姑息迁就，以免问题发展成普遍性问题，难以收拾。

齐天不明白自从把公司交给儿子打理之后，为什么公司一直留不住人。不仅老员工所剩无几，而且新来的也干不长。

为了公司的发展，齐天决定一定要弄个明白，看谁在背后"大做文章"。查来查去，问题竟然出现在儿子的身上。

原来儿子始终不忘自己是这里的"官"，拥有至高无上的权力。只要下属犯了错，他就摆出一副居高临下、盛气凌人的架势耍官腔。其中很多老员工就是受不了他这种态度才离开公司的，但是出于和齐天的交情，他们都没有明言。

还有一个是齐天一手培养出来的得力干将，本来是想让他以后辅佐儿子干出一番大事的，可是也辞职走人了。因为一个策划案，这个年轻人一时疏忽没有把相关的应急预案加在里面，致使策划不够完美，这便引起了儿子的不满。其实，他已经知道自己犯了错，并为自己的疏忽自责。在儿子找他之前，他都已经想好了弥补措施。可是儿子却不依不饶，官气十足地训斥他，最终致使他选择了离开。

齐天很生气，但在面对儿子的那一刻他却平静了下来，因为他是为了告诉儿子错在哪里，并加以改正，而并非为了指责他的错误。儿子犯的错误，自己就不能再犯，不然怎么教育儿子呢？

他告诉儿子在面对下属的错误时，要摆事实、讲道理，而不是一味地发脾气。他说："人非草木，孰能无情？只有晓之以理、动之以情、言辞恳切地批评，才能起到促其改正错误的作用。一个公司的发展靠的是人，你把人都轰走了，这个公司还会存在吗？"

父亲的话深深地印在了儿子的心里。他给父亲惹下这么大的祸，父亲没有冲他发丝毫的脾气，反而语重心长地给他讲道理、摆事实。父亲身体力行，用自己的行动给儿子上了一堂难忘的课。

当领导面对犯错的下属时，该如何批评呢？除了注意态度之外，还要讲究方式方法。因为不同的人接受批评的态度和方式也不相同。当一个人犯错误需要批评时，一定要抓住他所犯错误的实质，然后根据批评对象的年龄、经验、性格、文化程度等，采用不同的批评方式。

对于那些性格粗犷、大大咧咧、什么都不在乎、心理承受能力超强的人，单刀直入的批评方式最适合了，你可以一针见血地指出他的错误，促其警醒；对于性格内向、善于思考的人，你可以让被批评者通过回答问题来反思，认识所犯的错误，这是提问诱导的批评方式；而对于脾气暴躁、否定心理明显的人，可采取商量探讨的批评方式，使被批评者置身于平等的氛围中，心平气和地接受批评。

"怒则无智，急则有失。"有经验的批评家认为，在开口批评别人之前应该先检查一下自己，看看自己此时的心情如何，是否对被批评者存有敌意，是否是存心想找他的麻烦。因为在盛怒之下，人是没有理智的。失去理智的人做出的事情，后果往往会不堪设想。

如果我们有类似消极的情绪，最好不要去批评别人，因为我们的言语之中会透露出我们暴躁、敌意的情绪。而情绪是会传染的，一旦对方感觉到这一点，立刻会激起同样的情绪，他会抛开自己所犯的错误，计较起你的批评态度来，甚至比你的怒意还大。这种批评只会把事情越搞越糟，建议你先冷静一下，之后再给对方提出建议或是忠告。

我们给别人忠告也好，批评也罢，无非是为了教育对方，使对方的行为符合我们的愿望。但如果你的忠告或批评不能起到这个作用，还不如沉默。

当你遇到问题时，用商量的语气心平气和地与对方摆事实、讲道理，那么就一定能化解矛盾，促使事情顺利完成。切莫生气，否则事情将会向反方向发展。

◎ 当众指责别人就是羞辱自己 ◎

人无完人，在这个世界上，没有人会永远不犯错误。当别人犯错误时，有些人忍不住大发雷霆、当场批评，甚至辱骂犯错者的行为。然而，当"狂风暴雨"之后，这些"暴君"可能会沮丧地发现，他们的"善意"并没有被对方接受，甚至换来的结果却是永远也解不开的疙瘩。

被别人批评可不是什么光彩的事，没有谁希望在自己受到批评时召开一个"新闻发布会"或是安一个高音喇叭。所以为了被批评者的"颜面"，你在批评他的时候一定要顾及对方的情绪，最好避免第三者在场。如果你率直地当众指出一个人的不对，不但收不到好的效果，还可能会对对方造成更大的伤害。

年轻时的林肯酷爱对别人进行评论，并且经常写信讽刺那些他认为很差劲的人。不仅如此，他还常常把信直接丢在乡间小路上，使很多的散步者更容易看到。即使在他当上了伊利诺伊州春田镇的见习律师以后，依旧以此为乐，经常在报纸上抨击那些反对者。

1842年的秋天，林肯经历了一件令他刻骨铭心的事情。当时的他在《春田日报》发表了一封匿名信，信中嘲弄了一位自视甚高的政客詹姆斯·希尔斯。

这封信彻底激怒了希尔斯，因为这封信使他受到了全镇人的讥笑。这使他愤怒不已，全力追查写信人，最后查到了林肯。为了维护自己的荣誉，他要求和林肯决斗。虽然林肯一百个不情愿，但是却无可奈何，只能答应。

即使林肯选择了武器，还请了老师教他剑术，可是在接下来的日子，他一直处在一种十分愧疚和自责的状态，因为这一切都是他不顾及对方的颜面去公开对方的错误而造成的。

幸好最终有人出面阻止了这场决斗，也正是因为这件事，林肯从此改变了抨击别人不留情面的习惯。

其实我们都有过这样的感受，批评是一件令人十分难为情的事情。因为无论是批评者还是被批评者，在那种特定的氛围中多少都会有些尴尬和无奈。很多时候我们不难发现，如果不分场合、不顾对方情绪就对对方大加指责，对方不管自己是否有错，都会执意强辩。这就是人性中的弱点，没有什么羞愧的，但很少有人能够克服。

任何人都不要轻易地去指责别人，哪怕对方的行为举止让你忍无可忍。我们完全可以使用更加委婉的方式与对方沟通，而不是以指责来激怒对方，导致双方关系进一步恶化。

每个人在遇到挫折或者做错事的时候，都想要从他人那里获得理解和慰藉。面对别人的过错，我们当然很生气。可是，指责不仅于事无补，甚至会适得其反。尤其是在对方知道错误的情况下，你的指责也许会成为一种危险的导火索，一种能使自尊的火药库瞬间发生爆炸的导火索。反之，有的人则会在别人出现过失时，出人意料地说出宽慰别人、温暖别人的话，使有过失的人恢复自信和自尊。

所以，与其一味地指责，不如用宽容的态度去原谅他人，这样一来，不仅能够促使他人改正过错，同时对方也会对你心存感激。

乔治先生是一家机械公司的安检人员，他工作中的一项任务是检查员工们是否在工作时戴了安全帽。

每当他看到工作期间的哪个员工没有戴安全帽时，他就会很生气地搬出一大堆公司的规章制度，还时不时地大骂："你不要命了吗？"被训斥的人当时会戴上帽子，但是乔治刚一走，就把帽子重新摘下来。渐渐地，越来越多的员工开始排斥乔治。

乔治发现自己的好意不仅没有换来工人们的理解，反而造成了敌对态势。乔治想："如果大家没有问题，那么问题就出在我这里。"于是，他决定改变做事的方法和态度。

当他再看见员工摘下帽子时，便会很关心地问对方戴帽子是不是很不舒服或者大小是不是不合适。他的语气让对方听出了平等、关心和诚意，所以大家也愿意和他交流。他会诚恳地告诉对方安全帽是用来保护员工的人身安全的，并建议对方工作时一直戴着它。

从此，在工作中，所有的人都把帽子戴上了，因为乔治让他们感到戴帽子是一种需要，乔治是在为他们每一个人的安全考虑。

出现问题只知道指责别人，而不会反思自己，这也是人们的弱点。因此，当我们想要批评别人的时候，首先要学会换位思考。一味地去寻找他人的缺点、指责他人，远不如发现自己的缺点，反省自己。

我们批评的目的并不在于把对方批评得体无完肤，彻底地打败对方，而是纠正对方的错误。如果你当众指责对方的过错，就会将事情扩大，甚至会伤害你与他的感情。如果你在批评对方时维护对方的自尊，他可能会对你心存感激。这也是一种间接处理问题的方式，是在给对方一个缓冲的余地。

顾及对方的情绪，有错不要当众指责是聪明人的做法。因为聪明人懂得给别人留面子，并且知道指责的目的是为了让别人认识并改正自己的错误。所以，当你对别人有什么意见时可以委婉地提出来，但千万不要轻易指责别人，更不要当众指责。唯有如此，才能不受其弊，也唯有如此，才能使我们不愿看到的状况避免发生。

◎ 换个说法，没有人受得了你的颐指气使 ◎

"己所不欲，勿施于人。"虽说这是两千年前就已经被人们认识到的真理，但想做到这点或能做到这点的人却为数不多。

人们都喜欢顺着自己的心思去为人处世，喜欢让别人接受自己的"长篇大论"，意见不一致时总是冀图把自己的观点强加于人，但没有人喜欢被迫做一件事。所以无论什么时候，一定不要养成说教的习惯。千万别一味地冀图说服对方，让他屈从于你的意志之下。这样做，无论在工作还是生活中，都会使你成为一个不受欢迎的人。

走在路上，前面有高山阻挡，后边还有石头绊脚，这时我们想得更多的自然便是绕道而行，或是另辟蹊径寻找其他的出路。同理，当我们的见解确实更加合理、优秀，而自己的意见又无法被对方接受的时候，我们需要的就是绕道而行或是另辟蹊径。我们可以用一种更加睿智的方式让别人在接受我们的意见的同时感受到我们对他的尊重和真诚。如果我们用颐指气使的态度为他人作决定，不仅破坏了彼此间的关系，还让我们丢失了别人对自己的好感。

一位汽车销售员在自己的领域做得非常成功，他总是能够比周围的同事卖掉更多的车。同事不解，难道他有更加独特的售车秘诀吗？很多人都来向他请教，他给大家讲了一个故事。

一次，他通过朋友了解到一对夫妇有购买二手车的想法，就三番五次地跑到这对夫妇的家中，向他们推销自己代理的汽车。他真想一股脑儿地把汽车的优点都告诉他们让夫妇二人了解和接受。于是他从汽车的外观讲到性能，从品牌讲到价格，费尽口舌、花样百出，但却丝毫没有吸引到这对夫妇的注意，反而使夫妇二人的表情越来越麻木和严肃。

按常理来说，他能做的已经都做了，可为什么这对夫妇就是不满意呢？为此他很苦恼，他始终不知道失败的原因。父亲听到这件事后，为他指点了迷津，告诉他："不要用自己的意志强迫那些买车者觉得买你的车好，而是要让他们主动挑选出一辆适合自己的车。你什么都不用做，只要让他们觉得那是他们自己的意思就够了。"销售员将信将疑，反正也没有更好的办法，不如按照父亲说的试试。

恰巧这时，另一位顾客想以旧换新，车库便多了一辆二手车。"也许这才是他们喜欢的。"他这么想的同时赶紧给那对夫妇拨通了电话。

通话的过程中，他始终没有说他售车的事情，而是告诉对方他有事想请教二位。两人听了欣然接受，马上来到了公司。销售员指着那辆旧车说："我知道你们对买车已经有了很多心得和经验，我想请你们帮忙看看这辆老爷车可以值多少钱，这样我可以在以后的交易中有个准确的估计。"

那对夫妇听到这些话后笑容满面，终于有人向他们请教了，他们的人生

075

阅历得到了更多人的认可。丈夫二话不说就钻进了车里,驾车兜了一圈,又围着车子左看右看之后,他说:"这车子,如果你能以1万元买进,那你就真是捡到宝了。"

销售员接着问:"那如果我以你说的价钱买进这台车,再转手卖给你,你要不要?"1万元正是那对夫妇的心理价位,他自己的估价哪有不要的道理?于是这笔生意当场就成交了,双方各取所需,皆大欢喜。

"其实车都差不多,甚至也许以前的更好,价格也更合算,但只是因为之前是别人的意思,这次是自己的主意,就改变了买车人的想法和事情的结果。销售人员懂得这个道理是最重要的。"这位销售员最后向来请教他的人这么说。

想要改变一个人的意见并不是不可能的,关键在于方式方法,只要方法得当,让别人听取你的意见后反而觉得那是自己得出的结论,接受起来就容易得多。没有谁的人生喜欢让别人作决定,相反,只要你能让对方觉得那是他自己的主意,他就会无条件地、自愿地去做他认为该做的事,也就是你想让他做的事。

赫斯上校很受威尔逊总统的重视,在威尔逊总统执政期间发挥了不可忽视的作用,他对内政和外交事务都有着很大的影响力。到底是什么原因使赫斯上校能够有如此大的影响,以至于总统对他的信任和重视超过内阁成员呢?"改变总统观点的最好方法,不是举行一次次严肃的内阁会议,而是通过不经意的谈话将观念移植入他的心里,让他感兴趣,进而自己去思考,最终作决定。"赫斯如是说。

一次内阁会议中,赫斯劝说总统应该采取一项政策,可是总统只是大概听了一下理由和构想就匆匆结束了会议,显然是不赞同这项政策的。

正在赫斯为如何让总统接受这个建议一筹莫展时,后来的一次内阁会议开始了，威尔逊总统竟然说出了赫斯前几日提出的那项建议，并且说那是他自己的意思。赫斯并没有当众打断总统的话，争论说那是他提出的意见，因为赫斯在乎的结果是建议能否通过，而不是建议是由谁提出的。在总统结束演说之后，他还大肆赞扬总统的睿智。

从此以后，赫斯掌握了如何将自己的意见传达给总统的秘诀，每次有了什么新的政治构想，他总是在谈话间不经意地说出，引导总统自己思索，得出他想要的结论，这就是让赫斯成为在威尔逊总统面前最有影响的人的最大原因。

不得不说，借由总统的口把自己的想法说出来的赫斯是值得我们赞赏的，他的行为是一个智者所有的。他不仅成功地改变了别人的看法，把自己的意见灌输给了他人，更重要的是，在改变的过程中，他让对方感受到了自己得出结论的快乐与满足。这样既达到了自己的目的，又保全了别人的面子，何乐而不为呢？

遇到问题换个说法，切莫颐指气使，要知道没有谁能受得了这种"礼遇"。时刻牢记不要以自我为中心，遇到问题的时候，要考虑到对方是否能接受。只有让对方心甘情愿地接受自己的意见，那才算得上成功。

◎ 真诚创造奇迹 ◎

在人生的旅途中，不管是生活还是工作，都离不开交往，而交往更离不开真诚这把钥匙。真诚是人与人之间最短的距离。人与人之间如果有了真诚，便有了友谊的桥梁、进步的阶梯、成长的沃土、融洽的氛围。真诚奏响的是和谐的音符,搭建的是成功的平台。

古语有云:"精诚所至,金石为开。"人们也常说:"以诚相待,无往不利。"可见,拿出真诚的态度,就能创造奇迹。

真诚不是物质,却可显示出比物质更珍贵的价值;真诚不是智慧,却可能放射出比智慧更具有魅力的光泽。

生活中,我们要想打动别人,把不可能的事变为可能,就必须要有100%的诚意,因为拿出真诚就会创造奇迹。以诚学习则无事不克,以诚立业则无业不兴。真诚能够使我们广结善缘,使人生立于不败之地,能够缔造幸福美满的人生。真诚能使人笑口常开、好运连绵,祥和社会、温暖人间。

一天,有个衣着朴素的农民走进了一家汽车销售公司。

服务小姐连忙走向前去问:"先生,有什么可以帮你的吗?"农民只是说外面的天太热了,他想找个凉快的地方歇歇。小姐笑笑,倒了一杯冰水给他解渴,并习惯性地拿起汽车说明书给农民看。"我可没钱买汽车。"农民一边摇头,一边直冲她喊。

服务小姐也不生气,笑呵呵地说:"没关系,您看看吧,您今天不买,也许您以后就买了;也许您不买,哪天您家人也会买,您就先了解着。"农民一听来了劲:"那你给我介绍介绍吧。"

农民问了很多汽车方面的问题,服务小姐都不厌其烦地一一作答,而且还给他分析每一款车的性能、特点。最后,农民竟指着说明书上的运输车说要买10辆,另外还要买一辆小型汽车送给儿子上班用。

服务小姐不解:"您不是说不买吗?怎么一下子又买了,还买这么多?"

农民笑着说:"我是一家农村运输公司的老板,为了买到合适的车子,我已经跑了很多家汽车公司了,你们这里是我选择的最后一家。如果不行,我本想打道回府的。"

原来，他先前去的那些公司看他穿成这样，就认为他没有心思买车，也买不起车，不是冷眼相向，就是随便敷衍，或者是视而不见，甚至有服务员赶他走。

农民说："其实我可以穿得好点儿的，可是我就不信人们的素质都会变得只认衣服，不认客户。你给了我信心，让我得到了公平的礼遇，你的真诚让我下定决心买你们的车，我不会后悔。"

我们永远都无法说服别人去相信我们或是改变什么，但是我们要让对方看到我们的真诚。因为一个人要想成功，就必须付出真诚。所以，让我们在追求成功的道路上多拿出一份真诚吧。

柯蓝在《真诚》一诗里写道："我非常贫困，一无所有。我唯一的财富是我的真诚。我唯一的满足是我的真诚。我唯一的骄傲是我的真诚。因为有了真诚，我的头从不低下。因为有了真诚，我的眼光从不躲闪。我的真诚使我的一生没有悲哀，没有痛苦，没有悔恨。愿我真诚的生命永远闪光。"诚如她所说，在我们的人生中，多一分真诚，就多一分自在；多一分真诚，就多一分坦率；多一分真诚，就多一分祥和；多一分真诚，就多一分收获。

我们要秉承"拿出真诚的态度，就能创造奇迹"的信念，在人生的旅途中对别人真诚以待。

第五章 / 感恩奉献的态度
意外收获是最好的回报

我们常说要心怀感恩，但大多数人只是停留在嘴上；我们常说不图回报，但心里却耿耿于怀。口是心非的事实背后，其实是我们没有端正自己态度的结果。全情投入到奉献中，不刻意追求回报。或许在不经意间，就会收获一种惊喜或是一份礼物，远比我们想象中更丰厚。

◎ 怀一颗感恩的心，快乐生活 ◎

人生是一场漫长的苦旅，懂得感恩的人即使经历再多的艰难险阻，仍然感觉自己是幸福的；可是没有感恩之心的人，即使富可敌国，仍旧觉得一无所有。

英国作家萨克雷说："生活就是一面镜子，你笑，它也笑；你哭，它也哭。"

世界科学巨匠霍金在人类科学史上有着不可撼动的地位，然而，他却是一位在轮椅上生活了30余年的高位截瘫的残疾人。

在常人看来，命运之神对霍金太不公平了，可以说是苛刻得不能再苛刻了。他口不能说，腿不能站，身不能动，上帝剥夺了他一切能够使他快乐起来的权利，可是他依旧感到很富有："我的手还能活动；我的大脑还能思维；

我有终生追求的理想；我有爱我和我爱着的亲人与朋友；对了，我还有一颗感恩的心……"

这豁达而又美妙的文字出自于霍金，灵动、震撼，他用心激励了全世界的人。即使老天试图让他几近枯竭，可是他仍然感到自己很富有：一根能活动的手指、一个能思维的大脑……这些都让他感到满足，并对生活充满了感恩之心。因而，他的人生是充实而快乐的。

上帝也许不公平，给予霍金的苦难太多了；可上帝似乎又是公平的，因为他给了霍金一颗懂得感恩的心。拥有这颗感恩的心，霍金创造了"世界"以及这个过程所给他带来的快乐，即使这份快乐中伴着艰辛。

感恩，是一种生活的态度，是一种对未来的向往与憧憬，是一种充满希望的心态，同时也是人们的处世之道。当一个人能够做到这点时，就会少了很多的烦恼、困惑和不满。常抱心存感激之态，常做心存感激之行，或许还能让你的工作、生活、情感绝处逢生，柳暗花明。

史蒂文斯在一家软件公司做了8年的软件程序员，他觉得自己会在这里工作到退休，然后拿上那笔丰厚的退休金与一直处于待业状态的妻子颐养天年，共享天伦之乐。然而计划没有变化快，他所在的公司倒闭了，他瞬间成了失业人员。

面对生计问题，找工作迫在眉睫。除了会编写程序，别的方面对他来说都是空白的，他一个月都没有找到工作。终于有一天，他在报纸上看到了一个招聘软件程序员的启事，而且待遇很丰厚，于是他便满怀信心地去公司递交简历，没想到来递简历的人的数量远远超出他的想象。"看来竞争很激烈啊，不过我还是有希望的，因为我有8年的从业经验啊！"史蒂文斯客观地对自己的情况给出评价，同时也对自己充满了信心。

当然正如史蒂文斯所料,他通过了第一次面谈;第二次笔试,他仍旧轻松过关。本以为凭借过硬的专业知识,自己就可以顺利通关,可是没想到,考官的问题是如何看待软件业未来的发展方向。而这些问题是他始料不及的,他从来没有认真思考过,结果令他大失所望。

虽然这次应聘失败了,可史蒂文斯感觉收获不小:他认为那家公司对软件业的理解令他耳目一新,甚至是大开眼界,于是他觉得有必要给那家公司写封感谢信,他在信里写道:"贵公司花费人力、物力为我提供了笔试和面试的机会。虽然落聘,但使我大长见识、获益匪浅。感谢你们的付出,谢谢!"这封与众不同的信最终被送到了总裁办公室,总裁认真看完后,一言未发把它锁进了抽屉。

3个月后,史蒂文斯接到了该公司的邀请,成了该公司的一员。原来那家公司出现了人员空缺,而总裁第一个想到的就是写信给他的史蒂文斯。这家公司就是美国微软公司,十几年后,史蒂文斯凭着出色的业绩一直做到了副总裁。

一个落聘的人不但毫无怨言,而且还对公司充满感激,这样的人才能取得真正意义上的成功。

在我们的生活中,不如意的事情十有八九,要想顺心如意,不仅要有直面挫折的勇气,还要用一颗平常心去看待成败与得失。以豁达宽广的胸怀学会感恩,只有这样我们才会看到世界是如此美好。

当你得到别人的帮助后懂得心存感恩时,就会让你在别人遇到困难时伸出援助之手;与人发生矛盾时,就会让你想起往日他对你的关心与帮助,你便会从内心对他心存感恩,从而化解心灵的隔阂,让友谊常在。

心存感恩,我们会觉得这个世界如此可爱。小鸟轻唱、花儿绽放、泉水叮咚、琴声飘荡,这些都会让我们心旷神怡,觉得活着是多么美好。心存感恩，一句话、一个微笑、一个拥抱，人与人之间就会变得和谐。这种感恩的心也会使我们变得愉快和健康，仿佛我们拥抱了整个世界。

心存感恩，生活报以我们的将是富足的人生。

◎ 感恩之心，让爱传递 ◎

心理学家马斯洛曾经说过："能够体验以及表达感恩之心，是一个人心理健康的标志之一。因为当你拥有一颗感恩的心，你就能够战胜一切的困难，同样也是对施恩者最好的回报。"

一个心怀感恩的人是谦卑的，同时也是富足的。他知道自己得来的一切并不容易，然后就能够以一种感恩的姿态去面对一切，把自己放低，让自己接近土地。

一个寒冷的傍晚，一个可怜的小男孩拿着自己推销的产品推开了安娜的家门。他看起来非常疲惫，饥饿和寒冷让他浑身颤抖。"看来，他的推销并不顺利。"安娜心想，尽管自己也不富裕，也没有钱去买小男孩手里的货，但是安娜还是温柔地说："快进来吧！"并给男孩泡了一杯热气腾腾的咖啡，还拿出一块干面包，希望能够温暖他失望的心。

很多年过去了，忙碌的生活早已让安娜忘记了当年的"一杯咖啡"，可安娜的生活依旧不富裕。一天，安娜住进了医院，医生说她的病危险性很大，需要紧急做手术。可是自己要去哪里弄那么一大笔医疗费呢？让安娜没有想到的是，她的主治医生竟然给她签了字，手术也非常成功。

术后，大夫温和地握住安娜的手，然后在她的手术费单上写了一行字："手术费——一杯热咖啡。"原来，面前的医生正是当年她帮助过的那个男孩，他现在是这家医院里最有名的外科大夫。

感恩，是对施恩者最大的回报；拥有一颗感恩的心，能够给施恩者带来心灵的温暖。对施恩者，我们要永远心存感恩，即使他们在帮助我们的时候根本没有想过有一天，我们要反过来回报于他们。就像故事中的安娜，男孩的感恩之心，就是对她最大的回报。

当别人给予我们帮助的时候，别吝啬一句"谢谢"，简短的两个字也许就能够温暖施恩者的心，让他觉得自己的施予是有价值的。所以，让感恩成为一种习惯吧！在每天开始工作之前，想想那些帮助过自己的人，因为我们在意他们的帮助，才会让他们的付出变得更有意义。

狮子睡着了，有只老鼠在它的周围爬上爬下，玩得不亦乐乎。

狮子终究还是被老鼠吵醒了，美梦被打断了，狮子生气极了，它一把抓住了老鼠。老鼠吓坏了，赶忙求饶说："狮子大哥，别吃我，就放开我吧，也许有一天我能帮上你的忙！""这只小老鼠怎么能帮上我的忙？还真会吹牛。"狮子虽然这么想，可最后还是出于"怜悯之心"，抬起爪子放走了老鼠。

不久，狮子真的遇到"灾难"了，它被猎网困住了。狮子拼命挣扎着，它知道猎人很快就来了，那时，它将再也没有回天之力。可它用尽了全身力气，也没办法挣脱那该死的网。恰巧老鼠正好路过这里，它看到了那只曾经放过自己且处于绝望之中的狮子，便走过去，很快啃断了绳索，说："狮子大哥，我来晚了。"

狮子没有想到，举手之劳，竟让自己重获新生。

这个寓言无疑也是说明心存感恩之心，才是对施恩者最大的回报。

感恩是一种能够穿透生命的智慧，不管什么时候，当你得到他人的帮助时，哪怕只是一丝一毫，也要记得感恩。感恩，会让别人快乐，也会给你带来快乐。

我们要时刻抱有感恩之心，不管是身处顺境还是逆境，都不要忘记那些曾经帮助过我们、给我们带来益处的人。因为，有时候一个简简单单感恩的行为，哪怕只是一句话、一个动作，对施恩者都是一种最大的回报。

羊有跪乳之恩，乌鸦有反哺之情，所以人更当存有感恩之心。面对曾经帮助过自己的恩人，我们要尽自己的最大努力去回报。"滴水之恩，当涌泉相报。"老祖宗告诉我们的就是感恩的道理。施恩者不求回报，但是受恩者要以谦虚之德、敬畏之心去回报我们的恩人。

投之以李，报之以桃；衔环结草，以报恩德。感恩是中华民族的精神。正因为有感恩的人，也有施恩的人，我们的社会才能这么和谐。

学会感恩，是对施恩者最大的回报；学会感恩，爱才会传承。

◎ 给予，比获得更幸福 ◎

生活中并不是只有接受和得到才能使我们快乐，有时付出和给予会使我们更快乐。"赠人玫瑰，手留余香"告诉我们给予的真谛，正如《圣经》里说的"施，比受更幸福"。

也许有人认为不求回报的付出，是一种很傻的行为。但是仔细想想，毫无保留地奉献，其实也是在无止境地得到。只不过一个是有形的，而另一个可能却是无形的。给予其实也是在获取，因为其中的快乐便是对我们最大的回报。

一条小巷又深又窄，而且没有路灯，到了晚上，人们走起路来非常不方便。但是人们并不担心，因为每天都有一个打着灯笼的人经过这里，他是这个小镇上靠卖豆腐为生的男人，家里不富裕，妻子做豆腐，他卖豆腐。他收摊很晚，打着灯笼，整个巷子都明亮了起来。

可让人不解的是，打灯笼的男人是一个盲人。"你什么都看不见，为什么还要打着个灯笼呢？"人们感恩于他，但是也禁不住自己的好奇，就有人问他原因。

"为了保护我自己啊。照亮别人才可以照亮我自己，才能让别人看到我，而不会碰到我啊。"男人实实在在地说。

善待他人就是善待自己，这个男人应该是个绝顶聪明的人，因为他了解这个道理。他虽然看不见，但是他的心是明亮的；他虽然贫穷，但是内心却高贵善良，因为他明白快乐和幸福不是建立在外在的物质和虚荣之上的。

我们生活在这个世界上，要先学会心存善念、善待他人；要学会付出和给予，如此，快乐、幸福和丰收就会时时与我们相伴。

尚依是一个幸福的女人，丈夫是外企的老总，家庭生活富裕。老公疼着她、宠着她；女儿乖巧懂事，善解母亲心意。一家人过着其乐融融的生活。

但是前不久，一切全都变了，丈夫不幸得了癌症去世了，女儿又坠机身亡。对于近40岁的尚依来说一切都来得那么突然而又那么残酷。她曾经选择自杀，幸好被人及时发现，之后她便被悲伤和自怜的情绪所包围，得了忧郁症，心理医生建议她去做些能使别人快乐的事情。

可是究竟该做些什么呢？尚依想了又想，终于想到一个主意。她过去喜欢养花，因为女儿和丈夫都喜欢，说她养的花和她一样漂亮。自从丈夫和女儿去世后，她便没有了养花的心情，甚至花园都荒废了。她听了医生的劝告，开始修整花园，她在花园里撒下种子、施肥浇水。在她的精心照料下，花园里很快就恢复了生机，又开出了鲜艳的花朵。她想花是要给人看的，而看花的人一定也会像她的丈夫和女儿一样高兴。于是，她每隔几天便将亲手栽种的鲜花送给附近医院里的病人，插在他们床前的花瓶中，让芳香充满整个病房。

她给医院里的病人送去了爱心和温馨，换来了一声声真诚的谢意。那些充满了真情与感激的眼神以及那些笑脸和言语，轻柔地流入了她的心田，使她逐渐变得快乐起来。她还经常收到病愈者寄来的卡片和感谢信，而她的忧郁症也慢慢地痊愈了。

尚依把亲手种的鲜花送给了别人，同时也从别人那里得到了快乐，于是她便不再有孤独感，而且还重新获得了人生的喜悦。

我们应该学会给予，当我们把自己的东西与别人分享时，我们留下的东西就会扩大和增加。我们给予别人想要的，就能够得到自己想要的。给予是获得快乐的最佳途径，它能够最大限度地减少我们的痛苦，增强我们的幸福感。

如果我们够"慷慨大方"，那我们所收获的总会比付出的多。当别人遇到困难时，我们给予对方一点点力所能及的帮助，得到的回报便是在帮助别人的过程中所获得的快乐。

现实生活中，我们本应拥有的快乐被忙碌、压力、紧张所挤占，似乎我们越来越不快乐了。功名利禄似乎已将我们小小的心占满了，满目的清风明月也进驻不了我们的心中。其实，只要我们愿意停下脚步，仔细看看身边的人和事，静下心倾听身旁的声音，关注他人的存在、关心他们的需求，进而乐于为他人付出、给予他人帮助，那我们就会找回属于自己的快乐。

施比受更快乐，给予的过程何尝不是得到呢？因为其中的快乐就是对我们自己最大的回报。

◎ 抱怨所失，不如对生活多一点儿感恩 ◎

曾有人说过："当一个人懂得了感恩，就意味着长大。"不管生活给予我们的是幸福还是苦难，我们都应同样对它充满感激，因为我们还活着，活着就能创造奇迹，活着一切就皆有可能。

有位哲人说过，世界上最大的悲剧和不幸就是一个人大言不惭地说："没人给过我任何东西。"确实，这样的人是可怜的，因为他们整天活在抱怨当中。抱怨，让他们忽视了周围的一切，从而变得麻木和痛苦。

真正的智者永远不会抱怨自己的得不偿失，对于生活，他们拥有的只是感恩的心。对生活，我们要充满感恩，哪怕是跌倒了，我们还能再爬起来。感恩不单单是一种心理安慰，也不是对现实的逃避，更不是阿Q的精神胜利法。感恩是一种歌唱生活的方式，它来自对生活的爱与希望。

一次，美国前总统罗斯福家里遭到了小偷的"光顾"。小偷偷走了他家里很多东西，而其中一些又非常珍贵。周围的人听到消息都很气愤，有惋惜的，有遗憾的，有为他鸣不平的，更多的是来安慰他不必太在意。

罗斯福对这些朋友的好言相劝总是笑笑，他说："亲爱的朋友们，谢谢你们来安慰我，我现在很平安。我应该感谢上帝的：第一，贼偷去的是我的东西，而没有伤害我的生命；第二，贼只偷去我部分东西，而不是全部；第三，最值得庆幸的是，做贼的是他，而不是我。"

对任何一个人来说，失窃绝对是不幸的事，而罗斯福却找出了感恩的3条理由。

面对突来的损害，罗斯福只是一笑置之，他没有抱怨，反而对上帝充满了感恩。我们说罗斯福是明智的人，是具有大智慧的人，因为他知道有些事情是无法预测的，有些事情是不可避免的，有些事情是无力改变的。与其抱怨自己的得不偿失，不如对生活多一点儿感恩。

感恩是一个人与生俱来的本性，是一个人不可磨灭的良知，也是现代社会中成功人士健康性格的表现。只知道抱怨的人不会对任何人或事物存有感恩之心，他们只会不停地抱怨，抱怨天气不好、抱怨工作太累、抱怨生活太苦、抱怨没有人关心他们、抱怨一切他们能够看到的与想到的。这个世界对他们来说，永远没有快乐的事情，因为高兴的事早被他们抛在了脑后，而不顺心的事却总挂在他们的嘴边。每时每刻，他们都有许多不开心的事，从而把自己搞得很烦躁，把别人搞得很不安。

有这么一句话："一个女孩因为她没有鞋子穿而哭泣，直到她看见了一个没有脚的人。"我们总是习惯于抱怨，得到时，抱怨太少；失去时，抱怨不公。一个不懂得感恩，只知道抱怨的人，失去的不仅是积极的人生，也许还有生命。

两个结伴而行的旅人走在无边无际的沙漠里，而水壶里的水早已经被他们喝得干干净净了。

就在他们口渴难耐的时候，一个骑着骆驼的老人经过这里，老人给了他们每人半瓷碗水。同样是半碗水，一个抱怨太少，不足以消除身体的饥渴，抱怨之下竟将半碗水泼掉；另一个人望着这半碗珍贵的水，感动的心情久久不能平静，并怀着感恩的心情喝了手里的半碗水。前者因为拒绝这半碗水而死在沙漠之中，后者因为喝了这半碗水，终于走出了沙漠。

这个故事告诉我们，对生活怀有一颗感恩之心的人，即使遇上再大的灾难也能挺过去。感恩者即使遇上祸，也能将它变成福，而那些常常抱怨生活的人即使遇上了福，也会将这福变成祸。

不知感恩、喜欢怨天尤人的人必定会处处感觉人生充满不幸。他们对别人要求很高，喜欢用自己的思维模式去要求别人，却从不反馈给对方。在他们的眼里，别人做的任何事都是理所应当的，有一点儿不顺心便会横加指责、抱怨不断。短视近利的后果，往往让那些曾经帮助过他们的人感到失望，从而不再给予支持。

面对生活的苦难与不幸，我们要像歌词里唱的一样："生活给我无尽的苦痛折磨，我却感觉幸福很多。""感恩的心，感谢有你伴我一生，让我有勇气做我自己；感恩的心，感谢命运花开花落，我一样会珍惜。"

抱怨，不能使我们改变现状，只会给自己平添烦恼。很多人只注意自己需要什么，却很少注意那些东西是从哪里来的。如果我们想要拥有美好的生活，就要心怀感恩，放下抱怨。

人生在世，不可能一帆风顺，种种失败和无奈都需要我们勇敢地面对。如果我们只是一味地抱怨生活、抱怨命运，这样只能让自己从此变得消沉、萎靡不振。

世界不是缺少美，而是缺少发现美的眼睛。命运给予每个人的都是一样的，只是有人用感恩的心态去迎接，而有的人却是用抱怨的双手去抛弃。

对于生活，我们只要改变视角，就会重新发现这个世界的美好。与其抱怨自己的得不偿失，不如对生活多一点点感恩。

第六章 / 真诚热情的态度
销售不再是一场战争

热情如火的人在燃烧自己的同时也在感染着他人，热情是一种情绪，也是一种营销素养。很少有人能拒绝真诚的服务，真诚的人更容易获得信任与订单。很多人都惧怕销售，其实，销售远没有我们想象中那么难，只要抱持着一颗真诚的心和如火的热情，再冰冷的顾客也会有被融化的一天。

◎ 准确称呼，是打动客户的第一步 ◎

戴尔·卡耐基曾经说过："一种最简单但又最重要的获取别人好感的方法，就是牢记他或她的名字。"

一个人的名字并不是多么重要，但它代表的却是你对一个人的重视程度。牢记一个人的名字，可以让对方感受到你对他的尊重；牢记一个人的名字，可以让对方感受到你对他重视。

牢记对方的名字已经成为现代销售过程中所采取的法宝，因为谁都喜欢被别人准确地叫出自己的名字。所以不管客户是什么样的身份、与我们关系如何，我们都要努力将他们的容貌、特征、名字牢牢记住，这会使我们的销售畅通无阻。相反，如果我们一开始就叫错了客户的名字，势必会引起对方的不满，那接下来的谈话将难以进行，即使正常开展，结果也未必能如愿以偿。

一位业务员急匆匆地走进一家公司，找到经理室敲门后进屋。"您好，张总，我叫孟清，是××公司的销售员。"

"孟清，你找错人了吧，我不姓张！"

"哦，真对不起孙总，我记错了。"销售员一脸尴尬。

"孙总？我估计你真的是找错人了。看来我不说清自己姓啥，你会把百家姓都安在我头上，一进屋，你已经给我改了两个姓。我姓方，叫方明，是这里的经理，你是真的找我吗？找我有什么事？"方总无奈地说。

"噢，真对不起，我想向您……向您……介绍一下，介绍我们……我们公司新推出的彩色打印机。"销售员因为刚才的失误，脸上终于挂不住了，以至于语无伦次，结结巴巴地说明自己的来意。

"我们现在还用不着彩色打印机。"

"是这样啊，不过，我们有其他型号的打印机，这是产品资料。"孟清将印刷品放在桌上，"这些请您看一下，有关介绍很详细的。"

"抱歉，我对这些不感兴趣。"方总说完，双手一摊，示意孟清走人。其实方总是需要打印机的，只是对一个记不住自己的名字还多次给自己改姓的人，他是无法忍受也是信不过的。

每一个人对自己名字的重视程度绝对超出你的想象，客户更是如此！记错了客户的名字和职务的销售员，很少能获得客户的好感。

记住别人的名字是非常重要的事，忘记别人的名字简直是不能容忍的无礼。如果销售员能够热情准确地叫出对方的名字，那么对方对你的好感便会油然而生，因为在你身上，他看到了你对他的重视和尊重。

准确地记住客户的名字在销售中具有至关重要的作用，甚至这种销售技巧已经被人们称作"记名销售法则"。

美国最杰出的销售员乔·吉拉德深受客户的喜欢，因为他能够准确无误地叫出每一位顾客的名字。

很多客户说："他让我们觉得自己很重要，因为哪怕仅仅只见过一次，他都会记得我们的名字，这让我们感到自豪的同时也感觉到了他的真心，所以我们愿意买他销售的东西。"

有一位5年没有见面的顾客，刚一踏进乔·吉拉德的门槛，乔·吉拉德便给了他一个深情的拥抱，并十分兴奋地喊出了他的名字，仿佛老朋友般那么熟悉。这位顾客说："他让我觉得我们只是昨天才分手的，他让我感到了他的真心挂念。"

有人问乔·吉拉德是如何牢记客户的名字，准确称呼对方的，他说要用心去听记，要把准确记住客户的姓名和职务当成一件非常重要的事。每当认识新客户时，一方面要用心注意听，另一方面要牢牢记住。若听不清对方的大名，可以再问一次："您能再重复一遍吗？"如果还不确定，那就再来一遍："不好意思，您能告诉我如何拼写吗？"

"他让我们感觉到自己是了不起的、是重要的、是不可替代的，所以我们愿意买他的东西，满足他所有的需求。"乔·吉拉德的客户都这么说，显然他们已经成了很好的朋友。

没有谁天生就有那么好的记忆力能够记住身边每一个人的名字，可是只要我们用心，就能够像乔·吉拉德一样做个杰出的"销售员"。

牢记客户的名字，准确称呼客户，也是需要一些技巧的。如果你现在还没有记住对方名字的习惯或者意识，那么从现在起就应该开始培养自己：留心记住别人的名字和面孔，用眼睛认真看、用心去记，不要胡思乱想；在与客户初次谈话中，应多叫几次对方的称呼，以免一会儿就忘，可以加深印象。俗话说：好记性不如烂笔头。你可以把客户的姓名和特征记在一个本子或对方的名片背后，显然这样的效果会更好；你还可以运用有趣的联想把客户的特征、个性以及名字的谐音产生联想并联系起来，这无疑也是一个帮助记忆的好方法。

准确称呼对方，不失为打动客户的第一步，为此你要牢记对方的名字。

◎ 热情一笑，生意不成也要留个好印象 ◎

生活需要热情，因为有热情才会有激情，才会有动力，才会有希望；工作也需要激情，有了激情，才会有创新，才会有灵感，才会有速度。如果缺乏热情，我们的工作就会像缩水的蔬菜一样，毫无生气和新鲜可言。

"只有划着的火柴才能点燃蜡烛。"这句话经常被销售人员引用。显然，火柴便是热情，蜡烛就是我们的客户。只有我们自身充满热情的时候，才能感染冷冰冰的客户，让蜡烛燃烧起来。

没有一位顾客愿意跟一个总是板着脸、死气沉沉的销售员交谈，更不要说什么购物了！

热情是世界上最具感染力的一种感情，这个世界上没有谁能够拒绝一个热情的人。据有关研究显示，产品知识在成功销售的案例中只占 5%，而热情的态度却能占到 95%。满怀热情才能更好地完成任务。

北京百货大楼著名的劳动模范张秉贵被顾客亲切地称为"一团火",他对顾客十分热情,就像一团火一样让顾客时刻感受到温暖。

一天中午,一位女顾客走了进来,径直走到糖果柜台前,低头看着里面的糖果。有着良好职业修养的张秉贵微笑着走过来对她说:"您好,您想买点儿什么糖?""不买难道就不能看看吗?"这位顾客生气地说,她连看都不看张秉贵一眼,绷着脸继续向柜台东头走去。

张秉贵不解,是哪里做错了吗?转念一想:也许她是遇到什么烦心的事了,但热情的待客之道总是不为过的。

张秉贵仍旧和颜悦色地说:"最近到了一些新糖果,反映还不错,您想尝尝吗?"这位顾客没有见过这么热情的服务员,不仅没有计较自己的无礼,还耐心地给自己介绍。于是那位女顾客有些不好意思了,她很抱歉地对张秉贵说:"对不起,您不要见怪,我孩子不听话,我真想狠狠地揍他一顿!"

"教育孩子可不能靠打,给他买点糖也许他会更乐意接受您的。"

这位顾客二话不说就买了二斤糖,嘴上直说:"您的服务态度真好!"她是被张秉贵彻底感动了。此后,这位女顾客便成了百货大楼的常客,每次来不仅买东西,还会和张秉贵聊一会儿。

张秉贵的"一团火"温暖了自己,也照亮了别人。

一位劳动模范曾说过这样一句话:"没有热情就没有销售。"热情的人能让他人感觉到温暖,热情的销售人员更能赢得顾客的好感和信任。

没有谁好意思拒绝一个对他满脸微笑的人;没有谁好意思拒绝一个对他说好话的人;也没有谁能够拒绝热情地帮助自己的人。作为一名销售人员,不管你是为固定客户提供服务,还是要四处奔波去寻找业务,你都要保持热情,因为热情是你交易成功的重要法宝!

有了热情，我们的脸上自然会挂满了微笑。而微笑是人类宝贵的财富，是礼貌的象征，也是最具震撼人心的力量，它可以在瞬间助你打开客户的心扉。微笑和热情是同时的，微笑是热情的一个外在表现，热情地笑一笑，即使客户不买我们的单，也会对我们留个好印象。

餐厅里，一位顾客的喊声打破了这里的宁静。

"小姐！你过来！你过来！"顾客高声喊，指着面前的杯子，满脸寒霜地说："看看！你们的牛奶是坏的，把我一杯红茶都糟蹋了！你说该怎么赔偿？"

"真对不起！"服务小姐赔不是地微笑道，"我立刻给您换一杯。"

新红茶很快就准备好了，跟前一杯一样，旁边依旧放着新鲜的柠檬和牛乳。服务小姐轻轻地放在顾客面前，又轻声地说："我建议您，如果放柠檬，就不要加牛奶，因为有时候柠檬酸会造成牛奶结块。"

服务小姐的热情、微笑以及委婉的处事风格保全了顾客的颜面，也让自己得到了别人的好感。

销售人员不管在什么时候都要充满热情，并学会用自己充满热情的心和话语去感染客户、打动客户，以及化解客户与自己的尴尬、矛盾。微笑在这个过程中起到了不容忽视的作用，客户能透过我们真诚的微笑看到我们的真挚情感，从而被我们的诚意所打动。

热情产生动力，而动力能决定一件事的结果。在销售过程中，尤其是跟客户讲话的时候绝对要热情，这也是销售成功的基本要素之一。热情最能够感化他人的心灵，它会使人感到亲切、自然，能够缩短你和顾客之间的距离。

热情地笑一笑，好运就来到；热情地笑一笑，客户即使不买你的单也会对你留个好印象。

◎ 换个角度，想客户之所想 ◎

销售是一种行业，但并不是只有买卖才是销售，生活处处是销售，只不过有人销售的是产品，是有货币支付的；而有人销售的是理念，是观点，是一种无形的思想融合。

如何才能成为一个好的销售员，是每一个销售员所关心的话题。很多时候，销售员都有一个通病：太急于求成。好不容易遇见个客户，就急不可耐地向他们销售自己的产品，恨不得马上成交，而这样做的结果往往正好与自己的初衷背道而驰。你越是急于求成，他们越是犹豫不决。

为什么人们容易接受善意的建议，而非接受优良的产品呢？因为善意的建议是以为对方着想为出发点的，而优良的产品是需要客户付出金钱的。那么遇到这种情况怎么办才好呢？

事实上，只要我们懂得换位思考，为客户的切身利益着想，那么我们就会收到意想不到的效果。

两个年纪相仿又同时入职的机械销售员干劲十足，每天都跑进跑出，寻找客户，进而向客户推销自己的产品，但结果却是大相径庭。

一个销售员匆匆忙忙地敲开客户办公室的门，急急忙忙地介绍产品，滔滔不绝地说着产品的优势。结果在遭到客户拒绝后，又赶忙去拜访下一位客户。他总认为自己觉得好的就是客户所乐意接受的，殊不知，客户对他真是反感至极，背后都称呼他为"复读机"。他整日忙忙碌碌，所获却不多。

另一个销售员总是能够想客户之所想，急客户之所急，把客户的需要放在第一位。有一次，他费了九牛二虎之力谈成了一笔价值40多万元的生意，但在即将签单的时候，他发现另一家公司的设备更适合于客户，而且价格更低。本着为客户着想的原则，他把这一切都告诉了客户，客户因此非常感动。这个销售员损失上万元的提成，领导得知后还对他大加训斥。但是正是这个客户在后来的一年时间内，给他介绍了上百万元的生意。他不仅得到了更多的客户，还赢得了更高的声誉。

为什么有的销售员总与成功有缘，而有些销售员则始终无法避免失败呢？最主要的原因是前者能够为客户解决问题，而后者在拜访客户时往往表现得盲目和平庸。

所有成功的或者业绩突出的销售员之所以业绩斐然，就是因为他们的价值观念、行为模式比一般人更主动，他们的心态比一般人更积极。他们懂得为客户着想，懂得站在客户的立场上想问题，那么他们得到的就是更多的客户和更多客户的信任，这是一个良性循环。

不要认为把冰箱卖给因纽特人的销售员才是了不起的销售人员，因为当因纽特人发现自己买到的东西根本派不上用场的时候，他们就不会再买他的任何东西了。因为他们对他失去了信任，也意味着他失去了更多的客户。

现在，有许多这样的销售员，只想把自己的产品卖出去，而不管顾客买了是否有用。他们看到的只是一条小溪，而损失的将是一片海洋。

有一个餐厅生意很好，餐厅的正厅写着"一切为顾客着想"，来这里吃饭的人络绎不绝。餐厅的老板年纪大了，想要把自己的事业交给儿子，于是他叫来了3个儿子。

老板问了一个问题:"先有鸡还是先有蛋?"

大儿子说:"先有鸡,因为是鸡生的蛋。"

二儿子说:"先有蛋,因为是蛋孵的鸡。"

三儿子却说:"客人先点鸡,就先有鸡;客人先点蛋,就先有蛋。"

老板抬头看向那正厅的几个大字笑了,于是把整个餐厅交给了三儿子。

顾客就是上帝,只有一心为顾客着想的人,才会真正赢得市场、获得成功。积极地为客户着想,就要"以诚相待,以心换心"。这是销售人员对待客户的基本原则,也是销售人员成功的基本要素。

打动客户的往往不是销售员善谈的口才,而是他能够站在客户的角度去考虑问题。客户买的不只是销售员手中的产品,更是销售员自身具有的优良品格。

妈妈工作很忙,总是冷落儿子,为此她感觉很内疚。有一天她提早下班,回到家和儿子玩起了扑克牌。

她故意输给儿子,按照游戏规则,输的一方要给对方一张好牌。妈妈以为给儿子大王,儿子会高兴,没想到儿子却说:"妈妈,我需要的是小六,不是大王啊!"

原来,儿子手里已经有3个小六了,再加一个就是四大金刚了。

这个故事告诉我们,也许我们认为对方想要的,未必是对方需要的。无论在生活上,还是在销售这个工作上,这个道理都适用。

只有学会换位思考,始终站在客户的立场上去想问题,那么才能更好地把握客户的心理,从而进行有效的说服。

◎ 不要让热情"过了火" ◎

对人热情本来是美德,但如果一个人过分地热情,反而会令人感到不舒服。因为对宾客真诚、发自内心地关爱,才称得上是热情的服务;反之,则会让人感到虚情假意、矫揉造作。

丽丽郁闷极了,她本来是想去买手机,结果却给女儿买了很多衣服和鞋子。

丽丽早就打算换一部手机了,好不容易等到休息,于是她带着女儿到了一家手机专卖店。服务小姐热情地拿出一款款手机,滔滔不绝地讲解手机的功能、市场价格、优惠价格以及操作方法。当她表示不中意时,服务员又马上拿出另一款,告诉丽丽说:"这款适合您,这款更有气质。"于是又开始滔滔不绝地讲解起来。更让人无奈的是,她每走到一个柜台,都有销售人员围过来,热情地向她开始了没完没了的讲解、演示,这让她无所适从。

丽丽实在受不了那些售货员的热情,她转回头去了一家儿童服装店。本打算转转,可这里的销售人员更是热情无比,帮她女儿脱鞋子、试衣服,不厌其烦,一直找到合身的为止。

丽丽本来没有打算买这些衣服和鞋子,而且价格还很高。但是服务员太热情了,以至于让她觉得不买都对不起人家,于是勉强买了下来。

因为售货员的太过热情,丽丽没能买到她心仪已久的手机;因为售货员的太过热情,丽丽买下了她本没有打算要买的衣服。这样的热情让丽丽难以理解和接受。

其实，有些顾客只是想看一看商品，并非真的想购物。如果销售人员热情过分，往往造成顾客的无所适从、反感，或是故事中丽丽那种不买就有负罪感的一系列不同反应，结果造成客户的仓皇而逃或被迫购物。

很多顾客一走出商场，就会这样说："本来我想买那件东西，但是销售员就像讨厌的蚊子一样嗡嗡唧唧，用一堆老掉牙的销售伎俩向我施压，简直是在强迫我购买。这样当上帝感觉真不爽。"所以，销售人员要把握好热情的分寸，让顾客自主观看、轻松购物才是最好的。

所谓"过犹不及"，我们做人做事都讲究一个"度"字。做销售亦是如此，对待客户要热情，就像对待亲密的朋友一样去帮助顾客解决困惑、疑问。但我们要记住切莫热情过度，否则不仅达不到我们想要的效果，反而会让顾客对我们产生反感。

用朋友的语气和顾客说话是每一个渴望成功的销售人员起码应该养成的工作习惯，也是所有销售部门最基本的工作方式，同时也是所有营销人员必须学会的一套新思维。

热情友好的态度是销售人员所必须具备的素质和能力。我们要让客户看到我们的微笑是发自内心的、我们的热情是真挚的。而热情过度就会让人感觉不真实，甚至还会有做作之态。顾客的眼睛是雪亮的，他们能够看得清，也能够感受得到你是冲着他们的钱，还是冲着他这个人微笑的。

威廉·怀拉是美国推销人寿保险的顶尖高手，年收入高达百万美元，他的秘诀就在于拥有一张令顾客无法抗拒的笑脸。顾客说："透过他的微笑，我们看到了他的热情，感受到了他的真诚。"不过让人没有想到的是，他迷人的微笑不是与生俱来的，而是后天长期苦练的结果。

威廉原来是全国家喻户晓的职业棒球明星，到了 40 岁因体力日衰而被迫退役，而后他便去应征保险公司推销员。保险公司并没有因为他是明星而破格录用他，他被淘汰了，理由是他很严肃，而他们的销售人员都有一张热情、迷人的笑脸。

为了达到公司的要求，威廉决定下功夫练习微笑。他每天在家里放声大笑百次，为了避免邻居认为他退役之后发神经了，他干脆躲在厕所里大笑。可是一段时间过后，他的笑脸并不能够让公司接受。

之后他搜集了许多公众人物迷人的笑脸照片，贴满屋子，以便随时观摩。为了达到一个良好的效果，他还买了一面与身体同高的大镜子摆在厕所里。一段时间后，他又去找经理。经理冷淡地说："好一点儿了，不过还是不够吸引人，没有味道。"

就在威廉要转身离去的时候，经理对他说："发自内心的微笑才最有味道，发自内心的热情才最真实。"

经理的话让威廉顿悟到"发自内心如婴儿般天真无邪的笑容最迷人"，最终威廉练成了那张价值百万美元的笑脸。

威廉的故事让我们深刻体会到热情、微笑的重要性，同时它也告诉我们，微笑要发自内心并且充满活力。

同样，不真诚、不自然、假装和心怀叵测的热情不但不会为你的形象增光，还会破坏原来坦然的形象。热情过度就属于这种情况。热情有度，能让他人通过你的言行、你的微笑看到你的真挚感情。没有人会喜欢你的"热情过度"，因为在一定程度上，"热情过度"代表了你的虚情假意，另一方面也说明了你的强人所难。

人们都是有逆反心理的，你越是"王婆卖瓜，自卖自夸"，或者越是对顾客大献殷勤，他们就会越反感，甚至怀疑你的意图。

不管是面对生活还是工作，我们都不能热情过度，重要的是真诚，做销售更是如此。

◎ 真诚赞美，赢得客户的信赖 ◎

常言道："十句好话能成事，一句坏话事不成。"赞美、恭维的话人人都爱听，这是人们的共同心理。事实上，恰如其分地赞美往往会让他人感到精神愉悦，并赢得他们的信任和好感。

兰芷是一家文化公司的新人，外形甜美、能力过人的她很快就得到老总的青睐。很多同事对她刮目相看，可是她的顶头上司却不买她的账，横竖看不上她，还经常挑她的毛病，故意给她制造点障碍，甚至对其他同事说她的是非。兰芷很是苦恼，她不知道该如何去处理。

她每天晚上都有看书的习惯。一天，她读到了历史上戴维和法拉第合作的故事。

法拉第和戴维的相识缘于法拉第对戴维的赞美。他在给戴维的信中写道："戴维先生，您的讲演真好，我简直听得入迷了。我热爱化学，我想拜您为师……"于是便有了二人的见面。后来，法拉第成了近代电磁学的奠基人，名满欧洲，他也总是念念不忘戴维，说："是他把我领进科学殿堂大门的！"尽管一段时间法拉第的突出成就引起了戴维的忌妒，但法拉第的赞美帮他化解了其中的所有不快。

看完这个故事，兰芷突然想到了自己和上司的关系。"既然真诚地赞美可以搭建友谊的桥梁，那么我也可以用它来化解矛盾啊！"想到这里，兰芷便开始认真地归纳起上司的优点来。"其实，她的优点还蛮多的：工作能力强、人也热情，而且还比较直率，就是有点小固执，但人都是有缺点的呀。"想到这儿，兰芷忍不住笑了。

从第二天开始，兰芷就经常对同事说自己欣赏上司的为人，钦佩上司的能力。她不放过任何一个机会去赞美自己的上司，慢慢地，兰芷发现，自己的上司对自己有了笑脸，不但不会再随意指责她，有时还会亲自指导她的工作。后来，她们的关系越来越近了，工作上是上下级，私下里竟成了好朋友。

兰芷心中大悦，她知道以后的人生中少不了"赞美良方"。

人是有情感的高级动物，情感是人的心理活动过程的重要组成部分，而赞美是可以唤起情感的一种最具神力的武器。运用赞美策略，可以顺利促使双方产生情感共鸣，使双方关系融洽，从而形成良好的交际氛围。俄国文豪托尔斯泰说："真诚地称赞不但对人的感情，而且对人的理智也起着重大作用。"

真心地欣赏和赞美能在无形中拉近人与人的距离，成为人际交往的润滑剂。赞美意味着赞同和理解，没有人会拒绝你真诚的赞美，因为这是你给他的最好的礼物。

对于销售人员来说，不失时机地对客户予以赞美，将会赢得客户的信任和喜爱，或许还会让你的交易变得畅通无阻。

一位男士去鞋店买鞋，服务小姐礼貌地接待了他，并给了他足够的自由，让他自己挑选。

偌大的鞋店，他走了几圈，最终还是来到了他中意的那双鞋跟前。

"先生，您真有眼光，您现在看到的这双鞋是我们店里刚进的一款新鞋。

这双鞋只能配成功人士，也只有懂得生活、懂得欣赏、有人生阅历的人才能发现它的独特。它看起来很适合您，您可以试试。"服务小姐真诚地说。

这位男士听了服务小姐的话，试穿之后，便欣然接受。

从某种意义上说，服务小姐的成功就在于她恰到好处地表达了自己的真诚，又不失时机地加以赞美，其言外之意是：买这双鞋的人是成功的人，是懂得生活、懂得欣赏、有人生阅历的人。这次销售的成功也充分地说明：不失时机地赞美，就会让你的销售之路畅通起来。

作为一个销售人员，会不可避免地遭到客户拒绝，但是被越少的人拒绝就意味着你的销售越成功。赞美这个行之有效的销售策略能帮助我们被更多的客户接受。但是这里所说的赞美并不包括那些盲目、虚假以及那些阿谀奉承之词，因为这样的赞美不仅不能被人接受，而且还会引起对方的反感和不满。赞美不应该刻意为之，应该自然而然。

真实和真情是我们在赞美顾客时尤为需要注意的要素。以真实为铺垫、为基础，以情动人、以情感人，才能达到在赞美的同时说服对方的目的，因此我们说，赞美必须是发自内心的，赞美的魅力并不在于你说得多么流畅、多么滔滔不绝，而在于赞美的内容是否真实。

心理学家威廉·詹姆斯曾说："人性最深层的需要就是渴望被他人欣赏。"需要他人肯定是人类的本能。赞美是我们对生活的发现，也是我们送给别人的一份礼物。

对于以与人打交道为职业的销售人员来说，赞美是友谊的源泉，是一种理想的黏合剂，它不但会把老相识、老朋友团结得更加紧密，而且可以把互不相识的人连在一起。因此，我们要学会不失时机地去赞美别人，只有这样才能赢得顾客的信任。

◎ 摸准"听众"的兴趣，用激情感染他们 ◎

当一个年轻人得知一位老妇人在拍卖自己位于佛罗里达州的一栋别墅时，激动得一夜都没有睡着，那是他从大学时代就喜欢的一栋房子，独特的建筑风格深深地吸引了他。

第二天，他早早地来到拍卖现场，却发现很多人早已先于他而来。在参观的过程中，别墅的价格被想要购买的人越抬越高，很多人因此提前退出了竞拍。而他就是那些退出者之一，满怀希望地来到这里，却发现自己的财力不能承受房屋的价格。

与其看着别人买到房子，不如自己再好好地欣赏一番。他索性不再跟随正在为客人们介绍房子的老妇人，而是自己站在走廊上，观赏墙上的挂画。

这时，一位老妇人向他走来。他想："估计她和我的命运是一样的吧，但是我可以给她做一次讲解。"于是他开始向老妇人热情地介绍起来："夫人，您看墙上这幅画，虽然不是出自名家之手，但是这画是多么具有生命力啊，色彩让人心醉，就像这栋房子给人的感觉。"他专注地看着画，却充满激情地表达着他对这栋房子的喜爱之情。

"您知道吗？我很喜欢这栋房子，当我还在附近的美术大学读书时，就经常看着这栋房子写生，我认为这是最美丽的房子，它的每个角落都独具匠心。实不相瞒，有一次我趁着主人不在家，偷偷溜进了花园，画了一下午的画。那时候，我就隔着玻璃窗看到了这墙壁上的画。"

"我想，这家的主人一定非常恩爱，他们把他们的爱情融入到了这个家里，所以这个家充满了温暖，充满了希望……"

他太投入了，以至于没有注意到老妇人何时已经泪流满面，他充满激情的"讲说"戛然而止。他不解地望着老妇人，一时竟不知所措。"你说得对，这栋房子和别的房子不一样，因为它是我和我丈夫亲自设计的，这些画都是我丈夫的手笔。您是真正了解这栋房子、真正了解我和我丈夫志趣的人，我愿意将它卖给您。"

青年吃了一惊，原来站在他面前的老妇人正是这栋房子的主人。青年羞涩地说："可是，我没那么多钱……"

"没关系！"老妇人打断他说，"价格并不重要，重要的是你能够读懂它，读懂我和我丈夫。"

没想到，年轻人对房屋充满激情的描绘竟然让他成了这所屋子的新主人。他对房屋的了解、对房子的热爱使房屋的主人看到了一种真正的欣赏，这种发自内心的共鸣是比金钱更宝贵的。年轻人对房子的理解无疑诠释了主人对房子倾注的全部感情。可以说年轻人在激情地讲说时，无不是主人的心声所在。

同样，作为销售人员，摸准顾客的兴趣，用激情感染你的听众是一项重要的销售技巧。

只要你充满激情，你的听众就会被你感染；只有你得知对方的兴趣所在，你才能对症下药，赢得你的客户。

基夫尔是一位成功的销售人员，他的销售秘诀就是提前了解自己的客户，摸准对方的兴趣，做到知己知彼。按照他本人的话说就是："只有知道对方的兴趣所在，我才能让他高兴起来，有了良好的开始，结果自然错不了。"

他想把公司的医疗器械推销到一家知名的医院里，可是这家医院的院长却始终不松口。无论他多么卖力地介绍产品，最终还是毫无进展。

"那个院长严肃得吓人，就是一杯水放在他面前，都能结冰。"基夫尔现在想起来，还记忆犹新。

如何才能让院长不再漠视他的存在，并且有效地取得沟通呢？基夫尔在长期的观察中，发现院长每到周末都要去健身房健身。这时基夫尔计上心头，每周也去健身房。

从此以后，他和院长就在健身房见面了，而且他们的跑步机是紧挨着的。在健身过程中，他们彼此交流着心得。时间长了，他总是不失时机，并且有意无意地把产品介绍给院长。

最终，基夫尔还是完成了自己的销售，而且，这位院长还给他介绍了其他的客户。

正如基夫尔所说："当你抓住对方的兴趣时，也就意味着你取得了阶段性的胜利。"

如果我们想让交谈有效果，我们要做的就是从对方感兴趣的话题入手，所谓的"志趣相投"说的就是这个道理吧。

抓住对方的兴趣，就会让对方感觉遇到你就是遇到了知己，大有相见恨晚之意。没有人会拒绝自己的知己，人生在世，能有一个和自己兴趣一样、爱好一致的人做朋友，是一件幸福的事情。

抓住对方的兴趣，并用激情打动对方，这是销售人员不可忽视的方法和技巧。

第七章 / 自律公正的态度
管理者的入门课

"领导力"现在成为了一个时髦的词汇，一个真正拥有领导力的人肯定是一个自律而公正的人，一个公正的人才能为人们所信服。在管理中，自律和公正是两项不可或缺的品质，也是一个管理大师必备的人格魅力。

◎ 战胜自己，你就掌握了"领导力" ◎

人可以击败强大的对手，有时却难以战胜自己。

要知道，人最难得的品质便是自律，因为管别人容易，管自己难。自律正是要求我们管住自己、战胜自己。一个领导者失去了自律能力，就开始了对自己的纵容：今天的事情明天做，坏脾气任意发作。这样的领导者最终在下属眼里失去了威信、失去了尊重、失去了影响力，更没有什么权威可言了。

林丽在某大型外企做文员，刚开始她总是最早一个来到办公室，最晚一个回去。每天当同事们走进办公室，都会看到桌上的文件井然有序，办公室被收拾得干净利落，像极了林丽本人。遇到周末加班时，她总是第一个报名，还有一些不属于她的工作交到她手里，她都欣然接受，而且做得很到位。同事对她的评价很高，领导对她也非常满意。

后来公司业务做大，开辟了新的区域，破格提拔她做到了区域经理，带领一支团队做业务。

最初林丽还很自律，跟下属一样按时上下班，甚至还会早来晚走，付出了很多努力。但是后来她渐渐变得懒惰起来，不是迟到就是早退，工作时间也只是坐在办公室里喝茶看报，悠闲得很，心情不好的时候，还任意找人撒气。

很快，下属们就对她有了意见。他们认为，作为部门主管，不仅没有看到她带着整个团队成长，就连自己制定的规章制度都不能遵守。他们说："我们不可能在这样的领导手下工作，否则我们学到的只能是阳奉阴违。"

基于下属的反映以及领导对林丽的考察，最终公司撤销了她的职务。

成功需要很强的自律能力，一个中层领导只有先具备了自律能力，才能去影响别人。无论一个人有多么过人的天赋，如果他不自律，就绝不可能把自己的潜能发挥到极致，也没有任何人可以在缺少自律的情况下维持住成功的状态。自律是领导力得以发挥的关键，下属的尊重只属于那些有自制力、有自律能力的领导者。

著名的投资大师巴菲特说："如果你不学会在小的事情上约束自己，你在大的事情上也不会受内心的约束。"有一项调查结果显示，很多犯人之所以会身陷囹圄，多半是因为他们缺乏最基本的自制力。一个没有极强自律能力的人，就像一辆没有制动系统的汽车一样，会在随心所欲中毁掉自己的美好前途。

美国得克萨斯州有一位"石油大王"名为保罗·盖蒂。他在1976年6月7日去世，享年83岁。他本人就是一个非常自律的人。

曾经有一段时间，保罗·盖蒂吸烟成瘾，严重时，不吸烟就做不了事情。有一次，深夜两点钟的时候，盖蒂醒来后烟瘾犯了，而这时他才发现烟盒早已空了。怎么办呢？外面正下着瓢泼大雨，周围的商店都已经关了门，要想抽烟，除非冒雨敲门做个冒失的"烟鬼"。

就在他穿好衣服准备冒雨出门的时候，他突然开始反省自己的冲动。他知道，今天如果真的这么做了，那他一辈子都要受制于香烟。而他要做成功的商人，他要做有足够的理智领导一群下属。于是，盖蒂下定决心，彻底戒掉了烟瘾。

后来他的事业越做越大，终于成了世界顶级富豪之一。有人问他是如何取得成功的，盖蒂告诉大家："永远都不要为自己找借口，作为一个领导者要培养出自律的品质，就要丢掉那些所谓的借口，不要给自己留下推托的后路；控制好自己的情绪，不要让冲动这个魔鬼在下属面前说出不理智的话而断送前程，造成严重的后果；了解自己的缺点，制定自律计划，做一个能够战胜自己的人。"

正如比尔·盖茨曾说的："我个人以为，既然想要做出一番事业，我们就不能太善待自己，只有自律的人才能够最后取得事业的成功。"其实盖茨用行动告诉了我们：自律是一种品性，是可以培养出来的。只要中层领导者有目的地培养自己的自律能力，就能将自律变成自己的资产。

如果一个人选择了纵容自己，也就等同于选择了放弃自己。只有不断在自律中行动，才有可能使自己成为一个优秀的中层领导者，让下属们佩服尊重。

我们要始终铭记：战胜了自己，我们就掌握了领导力。

◎ 掩盖错误就是放大真相 ◎

生活中，人们难免会出错，可是一旦人有了过错，就开始找外部原因了，找得越详尽、越具体、越接近才越好，似乎只有这样才能告诉大家：这个错误不是自己造成的，而是客观因素造成了自己的错误。

李柯是一家公司的中层领导，深受下属的尊敬和爱戴，因为他在与员工交流或者沟通中，如果自己出了问题，他立马会向员工老老实实地认错，从不为自己辩护和开脱。

他的下属说："在李总向我表达歉意的那一刻，我看到了平等。"

有一次，李柯在训斥一个员工时凶了一点儿，伤了她的自尊。当他下班回到家意识到自己的问题时，马上给这个员工发了邮件，向她道了歉。这个员工被李柯感动了，在以后的工作中认认真真、勤勤恳恳，不仅再也没有犯过类似的错误，还帮了他很多的忙。

有人说能够做到主动认错的领导是不容易的，李柯笑笑回答："有错误主动跟大家检讨，不会丢面子。领导者勇于承担责任，这是一种职业的责任感，是一种胸襟。"当然，李柯绝对不是以此来抬高自己，他只是想告诉那些出了错的领导要勇于承担责任。

在职场中，有些领导者往往很注重自己的"权威"，有时候，为了维护这种所谓的权威，即便是自己错了，也不轻易低下头来承认，仿佛这么做了就会破坏他高大伟岸的"领导形象"。

其实，对于下属而言，一个有担当、勇于承认错误的领导，才是坦荡的、可信的、值得尊重的。在很多时候，勇于认错并不是在降低你的威信，相反，勇敢地认错恰恰可以把你的形象塑造得更加高大。对于那些死不认错的领导者，人们是一定不会有好感的，因为没有谁会愿意跟一个没有担当而有功劳却只知道自己捞的人在一起工作，更不要说这个人是他的上司。

丹诺先生是纽约《太阳时报》的主编，他有一个习惯，就是在读稿时喜欢把自己认为重要的段落用红笔勾出来，以提醒排校人员这是精彩的段落，切勿遗忘。

有一天，丹诺先生看了一篇文章，他觉得其中一段文字非常精彩，特意用红笔勾了出来。

常识丰富的年轻校对员拿到这篇稿子，她看到这段被红笔勾出的文字不禁感到好笑。原来被主编认为是神奇的事情竟然是大多数人熟知的，如果把这件事报道出去，一定会被人讥笑的。这位年轻的校对员这么想着，便将这段文字删掉了。

第二天一早，丹诺先生看了报纸之后，发现那篇《奇异苹果》中很精彩的一段被删去了，他非常生气，便去质问校对员。校对员一看主编发了脾气，便小心地说明了她的本意。

听完之后，丹诺先生立刻用十分诚挚的语气道歉说："原来是我错了，我还以为大家都不知道这事呢？你做得十分正确，我向你道歉。以后再有这种情况，你仍然可以自己决定如何取舍。"

此后，丹诺先生主编的《太阳时报》更加受到读者的喜爱。

人无完人，没有人会不犯错误，当然也包括领导者在内。一个领导者能坦然承认错误正是勇于担当的表现,这要比为自己争辩明智得多。丹诺坦然承认错误的做法是值得我们借鉴的,如果犯了错误而拒不承认,才是可怕的、愚蠢的。

戴尔·卡耐基这样说过:"即使傻瓜也会为自己的错误辩护,但能承认自己错误的人,更会获得他人的尊重,而且有一种高贵怡然的感觉。"

一个中层领导者能够主动承认自己的错误,本身就表现了自己的勇气与责任感。所以,一旦你做错了,就应该以更高的要求对待自己,要敢做敢当,不要逃避和狡辩,这样你才能被下属们尊重。

当然,领导者在道歉时一定要诚恳、要发自内心,而不要只是停留在口头上。道歉是成熟与诚实的表现,诚挚地道歉,最重要的是爽快地承担自己的责任。作为领导不仅要为自己的行为负责,还要让自己做到及时和对方沟通,不要因为时间而错过了道歉的最佳时机。

人皆有过,不要害怕有损尊严就掩盖错误。所以,当我们犯了错误的时候,就要真诚地、勇敢地、及时地承认,并承担起自己的责任,在今后的工作中更加努力谨慎,让自己变得越来越完美。

◎ 第一个吃螃蟹的人 ◎

在战场上,最能鼓舞士气的莫过于将领身先士卒,带头冲锋陷阵。在商场和职场上也是同样的道理。

动物学家曾经在动物园进行过一项测验:饲养员披上狮子皮突然冲进一群黑猩猩当中。黑猩猩们面对这个"强劲的敌人"开始害怕起来,并且发出了可怕的号叫声,不断地往后倒退。

正在群猩无首时，猩猩们自动让出了一条道。这时，这群猩猩的"首领"站了出来，拾起身边的树枝，勇敢地向"狮子"走了过来，眼神里充满了挑战欲望。见首领如此勇敢，其他猩猩也都鼓起勇气前来围攻"狮子"。

自然，"狮子"会自动败下阵来，可是猩猩们对自己的首领却更加拥戴了。

难道猩猩首领就不害怕狮子吗？当然不是，其他猩猩可以逃，但它不能，因为如果它临阵脱逃了，就一定会被同伴鄙视，这群猩猩也就该"另选贤能"了。

其实作为公司的领导者，就像是那只领头的猩猩，如果无法起到模范带头作用，那么你也就没有资格做"领导"了，你所领导的公司、你所带领的团队注定也只能是一盘散沙。我们常说的"一群被绵羊带领的狮子打不过一群被狮子带领的绵羊"其实就是这个道理。成功的领导者肯定已经从猩猩的故事中学到了管理学方面的智慧。

一个人想做公司的领导，很简单，只要权力赋予你那个地位，或是经过你自己的努力就可以达到，但是想要成为公司的领袖那就不容易了，因为你还得有身先士卒的领导魄力。这是你的人格魅力，也是你的影响力以及号召力。

狭隘的领导者总是认为自己的权力就决定了自己的影响力，权力越大，影响力也就越大。殊不知，真正的领导力是来自下属对你人格魅力的肯定。身先士卒的领导者才会体现出完美的人格魅力，从而提高下属员工个人和团队的成长。

国内某电脑公司总裁由20万元起家，带领下属齐心协力致力于公司的发展。而今他的公司终于成了中国电子工业的龙头企业，成为有上百亿资产的大型集团公司。

该总裁办公桌对面的墙上挂着"其身正，不令而行"的条幅，就是这几个字多年来一直勉励着他身先士卒，做下属们的榜样。他曾为自己的企业定下了一条有趣的规定：开20人以上的会迟到要罚站1分钟，无论任何人都必须执行。

没想到第一个被罚站的竟然是自己的老领导，这下总裁犯了难，可是如果就此开绿灯，那下属们会怎么看、怎么想、怎么做？该总裁对自己的老领导说："对不住您了，您先在这里站1分钟，今晚我去您家，您让我站多久，我就站多久。"

而总裁本人也被罚过站，尽管事出有因。

下属们都说："在这样的领导手下工作，我们第一次感觉到了规定是给大家定的，而不是领导给员工定的。"

领导者就应该要求别人做的，首先自己能做到；禁止别人做的，自己坚决不做。只有如此，才能真正地发挥领导者的影响力。反观只许州官放火不许百姓点灯的领导者，注定没有一点点说服力，公司想要发展更是不可能的事情。

任何一家公司若想在竞争中取胜，必须设法使其员工敬业。一个领导者要想使下属们敬业，首先必须做到自己敬业、身先士卒，为下属们树立一个好榜样，这样才能增强自己的个人魅力、增强自己的威信，让下属们愿意努力去工作。

色诺芬是古希腊哲学家，他在26岁时就当选为希腊将军带兵作战。在一次战斗中，他们前面有好战的土著人，后面有波斯的追兵，军队必须加快速度抢占制高点才能摆脱困境。

骑在马上的色诺芬大声鼓励他的军队："士兵们！"他喊道，"加快速度！要知道我们的国家在等着我们，我们的妻儿在等着我们！只要我们再努力一把，我们就会取得胜利！"

"色诺芬，你骑在马背上，而我们却拿着盾牌，我们不在一个水平上，早已疲惫不堪。"这时，一个士兵反对他说。

就在大家为那个不知死活的士兵捏了一把汗的时候，只见色诺芬已经从马背上跳了下来，把那个士兵的盾牌取过来拿在手里，徒步前行。

看到这一幕的其他士兵对这个士兵怒目而视，向他扔石头、咒骂他。面对战友的指责，面对色诺芬的身先士卒，这个士兵彻底被征服了。他追上色诺芬，承认了错误，并请色诺芬骑上马指挥作战。

此时，士兵们士气高昂，他们终于在敌人之前抢占了制高点，成功地进入底格里斯河边肥沃的平原。

"喊破嗓子，不如做出样子。"只有领导者身先士卒，下属们才会真正折服，死心塌地跟着你。绝大多数的领导者都非常希望自己的下属们如臂使指，做到令行禁止。但反过来，下属们也希望自己的领导处处以身作则，而不是只会张张嘴指挥别人。

正如著名的管理学家帕瑞克所说的："除非你能管理'自我'，否则你不能管理任何人或任何东西。"作为领导者必须以身则，给下属树立一个好榜样，用无声的行动征服众人，才能让下属们愿意服从管理。

要想有一个光明的前途，你必须带领自己的下属团队做出不俗的成绩，并且自己要身先士卒，用魄力成就领导力。

◎ 领导者不能随心所欲，而要谨言慎行 ◎

有人说："对年轻人来说，最富有感染力、最富有价值的榜样莫过于自己的领导能促使其愉快地工作。"那么如何才能做到呢？这就要求我们的领导者为下属们树立好的榜样。身教重于言教，领导者的行为本身就是一把尺子，下属就是用这把尺子来度量自己的。

作为一家公司的老板，作为一个团队的领导者，你必须记住，你的一言一行都是员工们所模仿的榜样，你的一举一动都将对你的属下们起到导向作用。所以你要记住，你是员工的表率，你在团队当中有着楷模的作用。只有对自己的言行严格要求的人，才能带领出一支优秀而又有效率的团队。

战国时，齐国宰相晏婴的身材并不高大，却非常有才干。

一天晏婴出门，马车夫驾车前行。晏婴闭目养神，而那个马车夫挥着马鞭，一脸的得意之色，他的张扬恰巧被妻子看到眼里。

当天晚上，马车夫回到家中就遭到了妻子的责问："晏婴身长不满6尺，却有宰相之能，且名闻天下，但他还是那么谦虚；而你虽身长8尺，外表雄伟，却只能做他的驾车人，为何还如此扬扬得意？我实在是为你感到难为情。"

马车夫听到妻子的话，感到十分羞愧，从此以后便改掉了自己的毛病。

在我们的现实生活中，有些领导者就像这位车夫，对于自己的一些成绩总喜欢到处吹嘘宣扬一番，有时候，甚至将别人的成绩也揽到了自己的头上，习惯骄傲地展示给别人。其实他们并没有意识到自己已经处于危险当中，因为这样的领导除了德行的退步之外，威信也在大跌，他们的结局只能是被下属唾弃。

亚里士多德说："没有自制力的人，会为自己的情感所驱使，去做一些大家都知道是坏的事情。有自制力的人，其行为服从理性，他明知欲望是不好的时候，行为也就不再追随。"

夏天，聒噪的蝉会从早鸣叫到晚，最后让人觉得很厌烦。而报晓的公鸡只在清晨的时候嘹亮地叫上几声，却被人们称赞勤快。

蝉不解地跑去问公鸡："为什么我一天比你说的话多，比你费的力气大，而人们却喜欢你，讨厌我呢？"

"因为，我很在意自己的言行，我只在关键的时刻说关键的话。"

蝉沉默了，原来人们讲的"惜字如金"就是这个道理吧，它这样想着。

精明的领导者会非常注意自己的言行，只在关键的时刻说关键的话，这样就可以让工作得到顺利开展，就可以让团队对他产生信任。对于年轻人来说，要将那些优秀的领导者作为自己的榜样，并从行为中、语言中不断要求自己、锻炼自己，这样才能使我们的言行符合更高的标准，为我们在职场中的升迁打下坚实的基础。对于成年人来说，必须做一个严格约束自己行为的人，因为升职只属于那些言行一致的人。

作为领导者，在带领下属的工作中还要做到言必行，行必果。只有如期兑现自己承诺的领导者才能得到下属的信任和拥护，从而激发员工的工作热情，推动工作的发展。

领袖之道，以言行立身。谨慎的行为，可以博得大家的认可；负责任的言语，可以获得大家信赖，这是一个人能否为领导、能否为好领导的根本规则。

◎ 端平一碗水，对员工一视同仁 ◎

在当今这个时代，人们对于公平、公正的要求越来越高，享受公正的待遇已经成为员工奋力追求并尽心维护的权利。

有人说："什么是管理，管理就是一碗水要端平。"简单的一句话，却向我们展示了一种管理的智慧：一碗水要端平，即对所有的员工一视同仁。这就要求领导们在管理公司的时候要怀有一颗公正之心。只有这样，员工才会尊重和信任你，才会更积极地投入到工作中，为公司的持续发展尽心尽力。

公司的领导不应该偏袒自己的任何一个员工，如果你做不到这一点，并将重心倒向某一端，那么碗中的水就会不断地流失，最后空空如也。同样，当员工受到不公平、不公正的待遇时，不仅个人的工作积极性受损，还会对公司的发展更不利。

颜玉在一家销售公司工作，由于工作能力很强，销售业绩骄人，很受领导欣赏。

有人抱怨："领导是戴着有色眼镜看颜玉的，但凡什么好事都算她一份，别人犯错误，那就是'家法处置，大刑伺候'，而她犯了错误，领导就像没看见一样。"

"这工作干得真没劲，领导眼里只有颜玉，这就是赤裸裸的偏心。颜玉这么有能力，干吗还要让我们来啊？难道我们来这里工作就是为了衬托她的吗？这活不干也罢！"有人选择了辞职。

"团队不是一个人就能做好的，没有大家的努力，哪有她颜玉的风头啊？领导一碗水没有端平，怎么会是个称职的领导呢？"有人议论。

领导的本意是鼓励大家向颜玉学习，以提升部门的整体业绩，但结果却是怨声四起。其他的销售员不是走了，就是抱怨、消极地对待工作。而此时"能干"的颜玉却倚仗着经理的偏爱，经常迟到早退，还时常炫耀经理与自己的特殊关系。

因为领导的"偏心"，销售部变得一片狼藉，员工散漫，销售业绩也一落千丈。这时领导才明白自己犯了一碗水没有端平的大忌：自己做得看似"合情"，其实并不"合理"，所以才犯了众怒。不能对员工一视同仁，最终必然会导致人心涣散、分崩离析。

一碗水端平，是领导处理与员工关系的重要管理原则，也是赢得员工信任的有效途径。一位美国 NBA 篮球教练在训练自己的队员时，总是会对他们喋喋不休地重复这样一句话："我不能要求大家千人一面，但我们要遵循同样的准则。"

宝丹辞职了，在做了 6 年的电子工作之后，离开了自己喜爱的岗位。

"我没想到 21 世纪的今天，居然还存在男女有别的封建、保守思想。我们老板很少关心女员工的职业发展需求，也极少给我们锻炼的机会，升职加薪更是无从谈起。而对男员工则截然不同，领导会将有挑战性、锻炼性的机会留给他们，以便让其快速成长，成为公司的中流砥柱。那么我们工作了那么久又算什么呢，难道就是贪图安逸吗？"宝丹气愤地说。

原来宝丹所在的公司老板对待员工不能一碗水端平，采取男女有别的管理政策。宝丹也算是老员工了，她工作兢兢业业，也取得了不错的成绩，可是每次晋升的时候，领导都会把机会给了男同事，还告诉她说："你做得不错，我们一直看在眼里，下次一定会考虑你，现在先让他们上去试试，你可以帮帮他们。"

宝丹热爱自己的工作，她总觉得只要自己努力，总有一天，她会得到自己应该得到的。可是她越等越看不到希望，而且看清了老板的"真实面目"。

从宝丹走后，很多姐妹也都陆续地离开了那个公司。"这是注定的结果。"宝丹说。

人与人之间就是这样，你投之以桃，别人就会报之以李，如果你不重视你的某些员工，那么这些员工也不可能会把你和你的公司放在心上。在社会不断发展的今天，女性在各行各业充分地发挥着她们的能力，她们用自己的智慧谱写着人生的赞歌。作为领导的你，没有理由，也没有权力去质疑她们的优秀。

如果管理者都能了解公正对于员工的意义，那么他们自然会给员工创造一种平等的工作环境和公正的竞争氛围，让员工放手去干。当然，即使员工之间出现了矛盾，他们也会本着公平的原则处理问题，圆满地化解争端。

很多时候，我们做管理要考虑的远远不仅是某件事的是非和得失，更要考虑到这件事将会对未来造成什么样的影响。因此，精明的老板会对所有的员工一视同仁、一碗水端平。

要知道，管理管的是人，更是人心，收获了人心也就管住了人。对员工一视同仁，我们也就收获了员工的心。上下齐心，才能把事业做大做好。

◎ 沟通和谐，是管理的"王道" ◎

在我们的生活中，人与人之间的交往总会有这样或那样的冲突和矛盾，如何才能正确有效地解决，是大家所关心的话题。其实，人与人的沟通是至关重要的，它不仅可以化解矛盾，而且还能在最初就把矛盾的萌芽消灭掉。

现代企业管理中也离不开沟通。正如社会学家分析现代社会失败的婚姻中，70%是由于缺乏沟通导致的一样，大部分的管理失误也是因为缺少沟通或沟通不畅所造成的。可见，有效的沟通已成为当今管理层不得不认真对待的问题。

松下幸之助有句名言："公司管理，过去是沟通，现在是沟通，未来还是沟通。"

庆生和弟弟在外闯荡多年，从当年给别人打工，到今天自己开建筑公司当老板，一路走来，除了他们抓住了机遇，更多的还是庆生眼光敏锐、胆识过人，又善于经营所赐。

生意做得红红火火的他，看着大半个城市都是自己建起来的楼房，难免有些陶醉。后来，庆生做事情变得独断起来，有时候作为副总的弟弟提出一些善意的意见，他都认为那不过是孩子的想法，不值得考虑。尽管他们只差一岁零两个月。面对这样一个"大哥"，弟弟也不好说什么，只能尽量委婉地提出自己的意见。

一天，庆生的朋友介绍了一项价值千万的工程给他，可是他却连对方的正规审批手续都没看到，就要在合同上签字。弟弟忍不住提醒道："咱们应该对对方有进一步了解，再作决定也不迟。这个时候，需要多留个心眼才是啊。"

弟弟的话，他哪里听得进去："我自己的朋友，难道我心里还没数吗？你什么时候才能真正长大啊？"弟弟不再说话。

最终，弟弟担忧的事情确实发生了，在工程施工到一半的时候，政府出面干涉，停止动工。对方跑了，而他前期材料的投入、工人的投入也白白泡汤了，也给公司造成了严重的损失。

当庆生开始为自己取得的成绩变得自满时，他就再也听不进别人的建议了。这样导致的最终结果就是公司的危机，或是破产。一个领导者如果不懂得沟通，不懂得听取别人的意见，就很容易走上错误的道路，最终的结果则是自身遭受重大损失。

沟通是管理工作圆满完成、公司获取优秀业绩的重要保障。优秀的领导者能够充分认识到沟通在管理工作中的重要性。借助沟通，可以极大地提高工作效率；借助沟通，可以让彼此建立信任、解除误会，使团队具有更

123

强的凝聚力。

　　沟通是一种理解，也是一种关爱，更是一种尊重。当领导能够从员工的角度思考问题的时候，员工也能够从交流中体会到领导者的这份真诚的关心；当领导者能够从公司全局出发去听取并采纳员工对公司发展的宝贵意见时，员工自然也会感受到领导者对自己的这份重视与肯定，他们必然会以更加认真的态度投入到自己的工作当中。

　　麦当劳外送店的创始人雷·克洛克是美国社会最有影响力的十大企业家之一。他把自己的大部分时间都花费在到各个分公司及其下属部门走走、看看、听听、问问，可以说他的成功得益于他的"走动管理"。

　　麦当劳曾一度面临严重亏损的危机，经考察，雷·克洛克发现其中一个重要原因是公司各职能部门的经理有严重的官僚主义：习惯躺在舒适的椅背上指手画脚，把许多宝贵的时间耗费在抽烟和闲聊上。

　　那么，如何才能让这些经理走出办公室，深入基层和员工分享心得，帮助员工解决问题，成了困惑雷·克洛克的难题。

　　突然有一天，他想到了："如果将所有经理椅子的靠背锯掉……"雷·克洛克不禁为自己的妙招鼓掌，于是他马上下达了命令。

　　这个举动使得克洛克遭到很多非议，但渐渐地，那些经理们就体会到了他的一番"苦心"。于是，他们纷纷走出办公室，深入基层，开展"走动管理"，及时了解情况，现场解决问题，终于使麦当劳扭亏转盈。

　　有效的沟通往往能带给我们事半功倍的结果，因为领导与下属的有效沟通，共同促成了事业的进步。我们说沟通不是目的，而只是一种手段。我们并不是为了沟通而沟通，而是通过沟通交流信息、解决矛盾。

在沟通的过程中，我们不仅要用耳朵听，还要用心去感受。我们会发现，越是富有情感的沟通，越能显现出它的有效性。沟通的关键是理解，不要对着外行人说业内的行话。要知道沟通最忌讳的事情之一就是故作高深，让人云里雾里。

沟通和谐，这才是管理的王道。作为一个领导者，我们要学会和下属保持良好、有效的沟通。这不仅能营造一个轻松愉快的工作环境，而且还能够加快公司的发展。

◎ 不轻易承诺，不轻易失信 ◎

古人云："言必行，行必果。"这样的思想教育了一代又一代的中华儿女。今天，我们又把诚信提到了更高的一个高度。可见，作为一个人要信守自己的诺言，待人以诚是多么重要的事情。

同样的道理，领导者只有兑现承诺，不轻易失信于下属，才能发挥其自身的影响力和号召力。作为领导者，不仅要诚实地对待别人和自己，更要对下属兑现承诺。因为领导者一旦许下诺言，就意味着你已经给了下属期望。如果这"沉重"的承诺只是玩笑或是随便说说，那下属不仅会失望，更多的还会对你记恨、厌恶，你也就失去了对他们的领导力。

著名的管理学家帕金森说："关系到一个人未来前途的许诺是一件极为严肃的事情，它将在多年中一字一句地被人们牢记。"

也许在领导者眼里，承诺只是平常的一句话，但是在下属心里，正是因为这一句话而有了奋斗的动力和干劲。所以，领导者请不要轻易许下你的承诺，如果许了，就一定要兑现。就像欠了债，迟早是要还的一样，承诺何尝不是自己欠下的债呢？

可凡是一家电子厂的厂长，他在这个厂子一干就是15年，他离不开这个厂子，就像他的下属离不开他一样。大家喜欢他、敬重他，除了因为他有能力、有魄力带领厂子走出困境、帮大家谋取更多的福利之外，还有一个更重要的原因，那便是可凡对员工许下的承诺，从来没有失信过。

可凡对下属承诺时，始终坚持"慎重"这个理念。在他眼里，制度中没有的最好不承诺，因为有时承诺下属一件制度中没有的事情，可能会让下属感到惊喜。而一旦承诺的东西没有兑现，对方有的不仅是失望，还会有不良的反应。下属有时会对可凡那"惊人"的记忆力佩服得不得了，因为他从来没有让下属去讨兑现。其实，他只是把对大家的承诺记了下来，不管是制度内的，还是制度外的。

有一次，他的承诺与制度发生了冲突，而下属又完成了工作，他甚至不惜以修改制度为代价来兑现自己的承诺。

面对上级的指责，他说："管理者代表的是公司，而不是个人，人无信不立，公司亦是如此。公司的制度有调整的可能，但公司的信誉是不可以打折扣的。"上级知道可凡是正确的，因为如果失信于员工就会造成员工对公司的不满和抱怨，那么受损失的还是公司。

再也没什么比管理者丧失契约精神对一个企业的杀伤力更大了。有人把企业领导的威信比喻成一根发光的权杖，而信誉则是上面的光芒。说话要一诺千金，即使当初作了错误的决定，也要兑现。只有自己对诚信抱有坚定的信念，并坚持不懈地去为之努力，那么你才会是一个值得下属尊重、称赞的好领导。

"轻诺必寡信，多易必多难。"一个领导者如果失信于人，不仅破坏了他本人的形象，还会影响到公司的业绩。

2000年，一家生产发动机的大型民营企业成立了一个项目部，开始了舷外机的仿制开发，这在市场上具有巨大的潜力，因为在这之前，民用和军工市场对该产品的需求都是通过进口来满足的，利润可见一斑。

为了加快进度，抢占市场空间，公司主管领导对研发组许下承诺：如果在规定的时间内开发出达到满足要求的产品，公司将给他们这个组10万元的奖励。

功夫不负有心人，在研发组没日没夜的不懈努力下，产品最终在规定期限内开发出来了，并达到了特定的技术指标。

产品很快上市了，可是由于各种客观原因，市场的冷落浇灭了公司管理层的热情，10万元的承诺始终没有兑现，终于有人忍不住向领导层反映，可是公司领导却说："研发没有达到预期效果，市场没订单，别提奖励的事。"长时间负重巨大的研发人员感到心灰意冷、失望至极。

在不到半年的时间内，研发组的工作人员只剩下一人。

在企业里，一诺千金的管理者才能受人尊敬，朝令夕改的领导者不仅得不到信任，还会使公司受损。你可以不给员工承诺，但是绝对不能如此"忽悠"员工。

扭亏高手劳伦斯·温白克曾说过："一家企业要想成功，关键是一定要爱护自己的员工，并帮助他们，否则他们就不会帮助企业。对待员工一定要诚实，要有一致性，不能朝令夕改，要与员工心心相印，只有这样他们才会跟你走。"

一个领导者只有讲信用，才能得到下属的支持，并有所作为。兑现你的承诺，不要轻易失信于你的下属，这样他们才喜欢和你交往，并听从你的差遣。

第八章 ╱ 诚恳担责的态度
让工作成为一种享受

人非圣贤，孰能无过。犯错误并不可怕，可怕的是逃避责任，那这种错误比错误本身更为严重。每个人都希望自己在犯错的时候得到他人的谅解，只是大都忘记了一个前提，那就是要学会承担责任，解决问题。如果你放弃了担当，也就放弃了获得他人谅解的机会

◎ 逃避只会陷你于不义 ◎

作为社会的一分子，社会赋予了我们不同的角色，我们在扮演每一种角色时都承担着不同的责任。

作为子女，我们应当承担孝敬父母、赡养老人的责任；作为父母，我们应当承担教育和抚养孩子的责任；作为学生，我们要担负起努力学习、学有所长的责任；作为老师，我们要担负着教书育人、教有所长的责任；作为一名员工，我们就要好好工作，为公司创造效益的同时成就自己……

我们身上总是担负着这样或那样的责任。不要抱怨自己不够强壮，没有能力承担肩上的重担，因为我们的骨子里有一种与生俱来的气度。也只有在

承担和付出中，我们才能找到存在于这个世界上的理由和价值。

可是有些人，在需要他们承担责任的时候，他们却总是选择逃避。他们感到工作太难，不去想解决的办法，任由其自生自灭。对工作的不负责，何尝不是缺乏责任心的表现？一味地抱怨自己生不逢时、大材小用，不如着手于眼下，认认真真工作，本本分分做人。

逃避不一定躲得过，面对不一定最难过。很多事情，你必须得担当。

一天，年轻的牧羊人照常把一群山羊赶到矮山坡上去吃草。

蓝蓝的天空飘着几朵白云，绿绿的草地一望无际。草地上的羊吃着嫩嫩的草，不时发出"咩咩"的声音。而旁边的清泉汩汩的流水声听着好不惬意。

临近中午的时候，年轻的牧羊人取出食物，填饱了肚子，在清泉旁喝了些水后，他便悠闲地躺下睡觉了。

当他一觉醒来时，太阳已经快要下山了，他一骨碌爬了起来，嘴里吆喝着，开始召集正在吃草的山羊。年轻的牧羊人数了好几遍，发觉还是少了一只羊，四处寻找一番之后，他终于看见那只掉队的山羊站在一块高耸的大岩石上。

年轻的牧羊人冲着掉队的山羊吹了一声口哨，可它就像没有听见一样依然站着一动不动。这时牧羊人真的生气了，他从地上捡起了一块石头朝那只山羊掷去。他只想吓唬一下那只山羊，让它快点儿从岩石上下来，却没想到石头击中了山羊的一只角。

年轻的牧羊人一时不知所措，他望着那只断角的山羊哀求道："亲爱的山羊，我不是有意的。看在我每天伺候你们吃喝、陪你们散步的分上，请你帮帮我的忙，不要告诉我的主人你今天的遭遇好吗？不然主人肯定会责怪我，把我赶走的。"

"你放心吧，我保证不会告状！但是，我怎么能遮掩得住我的遭遇呢？所有人都会清楚地看到我的一只角断了。"

人最大的错误就是逃避责任,其实不管你想不想承担,责任都会不增不减地摆在你的面前。出现问题以后,不能隐瞒事实,更不要逃避自己的责任,这是做人的基本准则。

犯错并不可怕,可怕的是总想着隐瞒错误或为自己的错误寻找开脱的借口。这样,错误就会制约你前进的步伐,减慢成功的速度。每个企业的职员都应该有承担错误的责任心,不能因为犯了错会给自己带来负面影响而逃避应该承担的责任。

我们每个人都该为自己的言行负责,若只是一味地逃避责任,是无法取得大成就的。这种责任心不仅要体现在生活中,在工作方面更为重要。一个逃避责任的人只会让自己的工作敷衍了事,工作没有做好,当然不会得到重用。

几个小男孩在踢足球,其中一个男孩不小心将球踢到了邻居家的玻璃上,玻璃碎了一地。邻居从破碎的窗户伸出头来,责问是谁干的。小伙伴们吓得撒腿跑掉了,只有这个小男孩没有跑。他抬起头对楼上的邻居大声说道:"对不起,是我打碎了您家的玻璃,请原谅我,我是一定会赔的。"说完,没等邻居开口,一下子就跑了。

邻居以为男孩只不过给自己找了一个逃跑的借口,不过没有逃避责任、勇于承认错误的男孩,他很喜欢。

小男孩回家后,如实地向父亲说明了情况,父亲听了欣慰地说:"孩子,你是好样的,你错了,就必须为自己的行为负责。这是15美元,是我借给你的。"小男孩接过钱,谢过父亲,连忙跑去赔给了邻居。

当邻居开门看到男孩的一刹那,彻底被小男孩感动了。他拒绝收男孩的钱，可是男孩执意说："我要为自己做的事情承担后果，爸爸教育我不要逃避责任。"邻居透过窗户望着男孩已经走了很远的背影说："一个能为自己的过失行为负责的人，将来一定会有出息。他的父亲很伟大，也很有福气。"

许多年后，这个小男孩成了美利坚合众国的总统，他就是里根。后来，每当里根回忆起这段往事的时候，总是意味深长地说："那次闯祸之后，我懂得了做人的责任。"

在这个世界上，取得成就的人往往都是那些勇敢担起责任的人。要想得到别人的肯定，实现自我的价值，我们首先要做的就是承担起自己应负的责任，做个敢于担当的人。一个连本职工作都无法承担的人，又凭什么让老板器重你呢？

逃避不但不能解决问题，而且还会陷你于不义，每个人都该为自己的行为负责。

◎ 先知负责之苦，后有尽责之趣 ◎

五十步笑百步的故事，我们都听说过，而且深有感触。

梁惠王经常驱使本国的老百姓与邻国打仗。有一次，梁惠王召见孟子，问："这些年，河内常年灾荒，收成不好，我想尽各种办法解决老百姓的无米之炊。我看到邻国当政者没有哪个像我这样替自己的百姓着想的，但是最让人想不通的是，邻国的百姓没有减少，而我的百姓也没有增多，这是为什么呢？"

孟子没有直面回答梁惠王的问题，而是给他打了个比方："战场上两军对垒，战斗一打响，作战双方短兵相接，各自向对方奋勇冲杀，可是终会有胜负之分，一场激烈的厮杀后，胜方肯定会向前穷追猛杀，而败方就会丢盔弃甲。那些逃兵有的跑得快，有的跑得慢，跑了50步的人说跑了100步的人是胆小鬼。其实他们的性质都是一样的，他们都是逃兵而已。"

梁惠王听完孟子的话，突然领悟，他说："我只看到邻国国君不管灾荒年间老百姓的生活，却不知晓自己常征发百姓去打仗，致使民不聊生，同样是不爱百姓的国君，我又如何能希望自己的老百姓比邻国多呢？"

我们在要求别人做某事时先要自我反省。生活中，我们往往都是责人容易，责己难，这样是不利于我们自身发展的，要记住责人之时勿忘先责己。

人应该学会责己，责己其实就是宽人。一个善于责己的人，为人处世时能够做到谦逊和低调，不居功自傲、不得意忘形，在任何情形下都能审视一下自己的行为，这样的人才能得到他人的尊敬。

在职场中，当我们遇到失误、遇到困境、面对责难的时候，就会有推辞，就会有责任，有的人不会主动承认自己的错误，反而总是把矛头指向别人。仿佛只有找到别人的错误，自己才能免受其难。殊不知，一个公司或企业，就是一个团队，一损俱损，一荣俱荣。

真正的智者遇到问题时，首先会反省自己的失误，勇于自责，并为自己的失误作出最大努力的弥补。

世杰是某电器公司的开单员，他为人正直，做事认真，深受领导的喜爱，也得到了领导的好评。

值得一提的是，当遇到工作上的失误，别人都在互相推诿的时候，世杰总是能够从自身找原因，分析自己的失误在哪里，从而进一步改正。他能够真正做到有则改之，无则加勉，所以公司里他进步得最快。

一天，他因一时疏忽，把一台价值5000元的冰箱以500元的价格卖给了一位顾客。严格的公司制度，大家是知道的，一旦出现错误就有被开除的危险。同事出主意说："你可以根据客户留下来的联系方式，去追回那4500元，毕竟他也做错了，哪有看人家写错了也不提醒的？500元买台冰箱不是天大的玩笑吗？这样的顾客就是爱占小便宜，你去找他，他不会不承认的。"也有的同事劝他还是自己筹齐那些差的钱，然后悄无声息地入账，息事宁人。

世杰认为，公司的损失是自己造成的，他必须承担起这个责任。更何况，这样的事情迟早是要被领导知道的，与其让领导听"第三者"的"道听途说"，不如自己"坦诚交代"。世上没有不透风的墙，如果领导日后知道这件事一定会非常不高兴的。这混乱的局面都是因自己造成的，自己必须负起这个责任，于是他毅然地说："我要到经理那里承认错误。"

他带着紧张的心情并且冒着被辞掉的危险，毅然到了经理办公室，向经理说了事情的原委："经理，对不起，因为我的疏忽给公司带来了损失，这4500元希望可以弥补我给公司带来的损失。如果您要因为这件事开除我，我也没有任何怨言。我也曾犹豫过是否该去找顾客，可是我仔细想过，错不在顾客，在我，我理应承担我的失误所造成的损失。"

世杰并没有被开除，从此之后，他得到了领导的极大重视，而且领导给了他足够大的发展空间。经理说："这样的员工很难得，做错事情主动承认，而不是把责任推到别人的身上，这是需要勇气和魄力的。"

主动诚恳地承认错误不仅是一个人的工作态度问题，也是一个人的品质问题。与其将自己的过失推给别人，倒不如大大方方地承认错误，把自己应

133

该承担的责任承担起来。把责任渗透在工作中的员工是很容易得到领导肯定的，就算他表面上批评、责骂了你一番，实际上心里已经原谅你了。更何况，聪明的领导是不会处罚勇于承担责任的员工的，相反，他们会更看重员工在出现问题时所体现的工作责任感。

责人之前先责己，可使自己以更宽容、平和、睿智的心态去处世，从而收到事半功倍之效。

◎ 我承担100%的责任 ◎

一位久涉商场、身价上亿的商人曾经说："真正的管理者必须有不推卸责任的精神。"

有一座非常有名的庙宇，据说庙中供奉着菩萨戴过的一串佛珠。而且这座庙是建在一望无际的大湖中，外面的人无法接近。人们知道这是一座珍贵而又特别的庙。

庙里的和尚们都希望能在这个山清水秀的灵境中，在佛珠的庇佑下，早日修道开悟。于是，他们每天和老和尚一同潜心修行。可是有一天老和尚突然对大家说："佛珠不见了！"

和尚们都难以置信："佛珠不可能丢失啊，庙中唯一的门24小时都会由我们这几个人轮流看守，外人根本进不来，除非……"

和尚们议论纷纷，此时大家都变成了嫌疑犯。老和尚安慰大家，说：

"我并不在意是谁拿了佛珠，只要拿的人能够承认错误，然后好好珍惜这串佛珠，我愿意将佛珠送给喜欢它的人。"之后，老和尚给了大家7天的时间静思。

但在这7天中，谁也没有站出来，而过去庙中的和谐已经没有了，取而代之的是猜忌和令人窒息的冷漠。

老和尚见没有人承认便说："很高兴你们都是清白的，你们不曾被佛珠诱惑，这表示你们的定力已够，明天你们就可以离开这里了。"

为了表示自己的清白，第二天一早，和尚们就准备搭船离开。老和尚向准备离开的和尚们一一道别，可是最后却发现还有一个双眼失明的和尚依然在菩萨像前念经。众和尚心中松了一口气，以为终于有人承认拿了佛珠，让冤情大白了。老和尚转身询问眼盲的和尚："佛珠是你拿了吗？你怎么不离开？"

眼盲的和尚回答："佛珠丢了，佛心还在，我为修养佛心而来！我留下来承担所有的怀疑，甚至是其他师兄弟的误会。因为只有有人站出来承担，才能化解怀疑。在这7天里，怀疑伤了人心。"

听完眼盲的和尚说的话，老和尚从袈裟中拿出传说中的佛珠，戴在他的脖子上说："佛珠还在，只有你学会了承担！只有勇于承担的人，才能得到佛珠的庇佑。"

承担需要气魄，需要坚韧不拔的毅力。在漫长的、坎坷的人生之路上，勇于承担是面对问题时一种理智的选择。

人生需要担当，有担当的人才可以化解一切难题。学会承担，我们便可以在人生的路上走得更好。承担别人所不能承担的，是为了让自己变得更加坚强和果断。

一个人只有学会承担，才有可能获得更多学习和锻炼的机会；只有善于承担，才能用心思考许多问题，使自己的心灵得到净化。智者能在承担中体会这种美好的品质，并把痛苦变成美好。

我们在困难面前、责任面前有了担当，才会得到大家的尊敬。任何一个老板都欣赏勇于承担责任的员工。在众多成功者中，有很多人都是"勇于担当"这一理念最完美的执行者和诠释者。无论碰到什么困难都不找借口，"永远对自己的工作结果负责"是他们的人生信条。

成功者对自己犯下的错误都能担当起应负的责任，一个敢于承担责任、不推诿过失的人，一定会让上级放心、下属尊重、同事喜欢。而且只有勇敢担当，才能让人委以重任，从而进步得更快。

婉容是一个爱美的女孩，她希望能给更多和她一样的女孩制作漂亮的衣服。3年前，她在一家裁缝店学习裁缝手艺，3年之后，她学成出师，就自己开了一家裁缝店。

由于她年轻、漂亮、服务态度又好，加上给出的价格便宜，手艺又好，很快就有很多人慕名而来，请她做衣服。

一天，一位要参加宴会的姑娘要婉容给自己做一套晚礼服。就在婉容做完这套礼服时，却发现袖子比姑娘要求的长了半寸。但是离姑娘预定来取的时间所剩无几了，婉容已经没有时间进行修改了。

姑娘来到婉容的店中，身后还跟着自己的男友。她穿上了晚礼服在镜子前照来照去，十分满意，就连她的男友也连夸漂亮，不知是夸姑娘还是在夸婉容的手艺。

于是，姑娘按照原定的价钱付款给婉容。没想到，婉容却拒绝了，并如实地告诉了姑娘，姑娘坚持说这没什么大碍，一定要付钱的。可是婉容有自己的做事原则，她要为自己的过失承担后果和责任。

此后，婉容的生意不断扩大，还建立了自己的服装公司。她要求她手下的员工做事情要有担当，要勇于承担责任。

高度的责任感和承担责任的勇气是一个人获得成功的重要品质。勇于承担责任的精神是改变一切的力量。每个人身上都有巨大的潜能没有发挥出来。一旦我们学会勇于承担责任，就会激发出非凡的勇气和力量，如此，我们的潜力便能充分发挥，甚至取得令他人、令自己都不敢相信的成绩。

美国第 35 任总统肯尼迪在他的就职演说中曾说："不要问美国给了你们什么，要问你们为美国做了什么。"这句话曾激励了一代又一代的美国青年积极主动地为自己的行为和现在所处的糟糕情况负责。

如果我们是对自己的前途负责的人，那么我们应该经常自问"我还能承担什么责任"，而不是因循守旧地重复着毫无挑战性的工作。在责任面前，放弃责任就是放弃成功。

勇敢地担起自己的责任，站在自己的岗位上，尽最大的努力把事情做好，一切后果自己承担，绝不找借口，不推卸责任。如此，才能在职场这个战场上攻无不克、战无不胜。

诚恳担当，再大的困难也能挺得过。

◎ 放弃责任，就等于放弃了整个世界 ◎

高尔基曾经说过："负责任，是一个人最基本的品质。如果我们放弃了责任，也就等于放弃了整个世界。"

生命赋予我们责任，只有负责任的人才能不苟活于人世。担起了责任就担起了整个世界，就如莫怀戚在《散步》中所说的一样：儿子背上的同妻子背上的加起来，就是整个世界。其实它不正告诉了我们放弃了责任也就放弃了世界吗？

很多时候，有人疑惑为什么老板会重用别人而不重用自己；为什么同时进入公司，做着一样的工作，待遇却差得如此悬殊。其实你不用好奇，也不用惊讶，只要认真看看别人是怎么做的，你就不难发现：这一切都是责任感在起作用，领导要的是对工作尽责尽心的人。哪怕只是一名做着最不起眼工作的普通员工，只要你拥有高度的责任感，能够担当责任，你就是企业最需要的人。

任何一个企业都不会把重要的工作交给没有责任感的人，精明的管理者当然只会对有责任感的员工委以重任。这也就是很多人突然得到重用的奥秘所在。

张伟今年33岁，已有多年的房产工作经验。目前他是一家房地产企业的部门主管，在自己的工作岗位上兢兢业业、尽职尽责。

一天，一位部门经理突然离职，并且扔下一摊棘手的事情需要处理，负责人力资源管理的领导和其他部门的经理谈过此事，希望他们暂时接管这个空缺岗位，以解燃眉之急。可是那些部门经理都以各种理由委婉推辞掉了。

这时，领导想到了张伟，于是找到张伟，问他能否暂时接管这个部门的工作。张伟说："事实上，我也不确定自己能否同时处理好两份繁重的工作。但是，现在这个时候必须得有人来做这件事情才行，所以我愿意接管那个部门的工作，并尽自己最大的努力完成领导交给的任务。"

张伟将别人不愿承担的责任承担了下来后，就开始制定工作方案：将每天的工作按照重要程度进行分级，首先完成重要且紧急的工作；将能够合并的工作合并；将下属的汇报工作集中安排在某一个时间……如此一来，他的工作效率明显提高，在两个部门的工作中游刃有余。

领导看到张伟临危受命，而且把工作做得有条不紊，于是便决定将两个部门合并为一个部门，由张伟全权负责，并且将他的薪水涨了一倍。

美国著名作家阿尔伯特·哈伯德曾经说过："所有成功者的标志都是他们对自己所说的和所做的一切负全部责任。"责任是成功的基石，是完善自我、成就自我的翅膀。只有勇于承担责任的人才能够取得事业的成功。而放弃责任也就意味着放弃了成功。

社会学家戴维斯说："自己放弃了对社会的责任，就意味着放弃了自身在这个社会中更好生存的机会。"同样，如果一个职员放弃了对企业的责任，也就放弃了在企业中获得更好发展的机会。

3个性格迥异的大学同学多年后的一天突然同时去一家文化公司应聘销售总监这个职位。经过一轮又一轮的考试后，他们3人终于从众多的求职者中脱颖而出，他们高兴极了。

可是让他们不解的是，企业主管只对他们说了一句"恭喜你们入围"，然后就将他们带到了一处废旧仓库，还让他们3个共同负责将仓库打扫干净，将物品归类放置整齐。仓库里的物品陈设得乱七八糟，而且布满灰尘。

"有没有搞错啊？我们做的可是高薪职位，我们不是被录用了吗，怎么还要在这种地方干这样的粗活？""这可是清洁工的活，他们是不是把我们当成清洁工了？我看这个主管就是二百五。"两个人不满地议论着。"别说那么多了，既然让我们做，我们就好好做吧，早做完早交差。"第三个人已经开始着手整理了。

其他两个人看自己的同学已经埋头干活了，也不好再说什么，只好跟着干起来。可是没到10分钟，那两个人便开始抱怨："哎，我说青山，那位主管又不在这里，我们没有必要那么卖力，歇会儿吧！"刚说完，那两个抱怨的人就开始坐下来休息，只剩青山一个人在努力打扫。

午餐时间到了，人力资源部主管回来对他们说："午餐时间到了，大家先去食堂用餐，下午再来接着干。"其他两个人立刻如释重负，嘻嘻闹闹去吃饭，而青山却坚持将最后一个角落收拾干净，归置整齐。

其实，这一切都被仓库里的高清摄像头清晰地记录了下来。

午餐结束的时候，主管向他们走过来说："下午不用工作了，而咱们公司也只招一名总监，祝贺青山获得这个职位。"

青山去送自己的老同学，路上他表示了自己的歉意。两位同学深有感触地说："这个不怨你，我们知道自己落聘的原因，我们缺乏责任感。今天我们没有白来，你给我们上了一课。"两个人自嘲地对青山这样说。

后来领导找到青山对他说："我们能够感受到你在工作中表现出来的强烈的责任感，即使你对主管的安排感到疑惑却仍然立刻投入工作，并且在整个过程中，表现始终如一，尤其是到了午餐时间也能坚持将工作完成，这样的员工才是我们想要的和需要的，希望你在以后的工作中继续努力。"

责任给了我们力量，责任改变了我们的命运。责任赋予我们太多的东西，只是要看我们能否担得起这份责任。一个没有责任感的人，任何工作都不会做好，自然也不会取得事业的成功。

放弃了责任，就意味着放弃了整个世界。我们要用责任来拥抱世界，创造辉煌。

◎ 能力有高低，责任无大小 ◎

我们知道"细节决定成败"这句话，却很少有人真正做到。很多时候，人们往往只是把注意力放在一些大事上，却忽略了一些细节、一些小事，等到工作结果出现了巨大的偏差以后，才懊悔起来：如果把那件小事重视起来就好了。时间不可以重来，事情不可以重做，我们只能在遗憾中总结出经验：任何事物都不是孤立的，责任之间也存在着联系。

"莫以善小而不为，莫以恶小而为之。"同样的道理，我们不要觉得事情小，微不足道，就不做了，或者做起来马马虎虎、应付了事。要知道，一件大的事情搞砸了，其中的原因往往是一些小的细节没有做好。

有这样一首歌谣："少了一个铁钉，丢了一只马掌。少了一只马掌，丢了一匹战马。少了一匹战马，败了一场战役。败了一场战役，失了一个国家。"它说的是一个帝国的存亡就决定于一个铁钉上，而这个故事被载入了史册，教育了一代又一代人。

1485年，英国国王查理三世准备在波斯沃斯和兰凯斯特家族的里奇蒙德伯爵亨利展开一场决战，以此来决定由谁统治英国。

战斗打响之前，查理派马夫去给自己的马钉好马掌。这是一匹非常剽悍的战马，战功累累。查理骑着它曾攻无不克，战无不胜。

因为所有的战马都要钉掌，铁匠那里已经找不到铁片了。可是马夫却在一旁不停地催促："快点儿吧,国王要打头阵的,一会儿就来不及了。"

在马夫的催促下,铁匠把一根铁条弄断,作为4个马掌的材料,把它们砸平、整形之后,用钉子固定在马蹄上。然而,当他钉到第四个马掌的时候,却发现少一颗钉子。于是铁匠停了下来,他希望马夫给他一些时间去找颗钉子。

"我等不及了,军号马上就要吹响了。"马夫急切地说,再一次拒绝了铁匠的要求。"没有足够的钉子,我虽然也能把马掌钉上,但是马掌就不能像其他几个一样那么牢固了。"铁匠如实地告诉马夫。

马夫因为怕延误国王的作战时机,自己受到连累,就牵着马掌少了一个钉子的马回去复命。故事结果可想而知,战斗中,马掌脱落下来,战马跌倒在地,查理国王摔下马背,被对方活捉了。

查理不甘地大喊道："马！一匹马,我的国家倾覆就因为这一匹马啊！"他哪里知道,失去国家这个巨大的责任不在于马,而在于马夫连找颗钉子的时间都不给铁匠。一个帝国的存亡竟被一颗小小的钉子左右了,后人无不为查理三世国王扼腕叹息。

也许那个做了错事的马夫一辈子都会内疚不安吧。

一只小小的蝴蝶在赤道附近轻轻地扇动一下翅膀,就可能在南美洲掀起一场飓风,这就是人们常说的蝴蝶效应,一颗马蹄钉的故事亦是如此,它告诉我们:事物和工作的各个环节之间存在着一定的联系,责任之间不是孤立的,小事往往决定着大事的成败。

在职场上的我们更要时刻记得,没有孤零零的责任,大事与小事之间存在着必然的联系,尽不到对小事的责任,就会影响大事的结果。现在的社会分工越来越精细,我们的工作也不是孤零零存在的,而是联系越来越密切,同样,责任之间也是环环相扣的。

中国有一句古话叫"差之毫厘，谬以千里"，讲的是任何细节或者小事都会事关大局，正所谓"牵一发而动全身"，往往一些小的细节将会对工作的结果产生重大的影响。所以，我们的工作责任感需要体现在工作的各个环节之中。

如果每一个员工对待工作都能认真负责，每一个环节都尽到了自己的责任，这才能成为公司的骄傲，因为公司的辉煌离不开员工的创造。也许在工作中，我们每个人起到的作用都是微乎其微的，但只要我们其中一个人有一点儿疏忽，就可能给我们的公司带来严重的损失。

任何事物都是有联系的，工作中也没有孤零零的责任。我们决不能忽略工作中的任何小事。任何小事处理不好，都可能会给企业造成不可挽回的损失，酿成令人惋惜的结果。

所以，我们要摆正心态，懂得责任不分大小事这个道理。能够对工作中的每一件事情认真负责，无论责任大小，无论职位高低，我们都要尽责做好。只有这样，我们才算是一名合格的员工。

◎ 尽责是敬业的核心 ◎

微软总裁比尔·盖茨曾经说过："工作需要付出100%的热忱、100%的努力。能完成100%，就不完成99%，虽然仅有1%的差距，但正是这1%，不但会反映出你对工作的态度、作风，而且也会彻底改变你的人生。"

面对越来越激烈的职场竞争，很多人的工作之道竟然还是"尽力而为"、"尽心就好"。他们满足于"我已经尽力了"，当他们面对自己不理想的工作结果时,也总是习惯地说:"我已经尽力了,我每天都辛勤地工作,这结果已经够好了,如果领导还是不满意,我也没办法。"他们错误地认为:工作只要尽力就是尽责了,人都没有完美的,更何况是工作呢?

我们在工作中,要把"尽力而为"的借口变成"全力以赴"的行动,因为责任心是我们努力工作的内在驱动力,只要有了尽职尽责的意识和理念,我们就能拥有完美地完成工作的决心,从而最大限度地发挥自身的潜力,这样不仅可以获得上司的信任,还能获取事业的更大成功。

美国一家公司要在中国玻璃厂订制一批价格昂贵的玻璃杯。为了保证产品质量,做到精中选优,他们派代表来到中国,要在中国众多玻璃厂中选出最好的一家来合作。

这位代表走访了多家厂子,也没有找到自己中意的合作伙伴。直到有一天,他无意中来到了一家厂子的生产车间,发现那里的工人们正从生产线上挑出一些杯子放在标着次品的箱子里,于是他就拿了一只仔细看了一下,没有发现这只杯子有什么瑕疵。而且如果按照美方的要求,这只杯子完全符合质量标准,根本没有什么问题。

代表对此感到十分不解,就去找工人问个究竟,工人指着杯子底部一个肉眼几乎察觉不到的微小气泡,说:"我们生产的产品一定要精益求精,做到最好,不能有任何的缺陷。即使客户看不出来那些小毛病,或者对方没有提出这么高的要求,对于我们而言,也是不允许的。这是公司的规定,也是我们做事的准则。我们会把这些挑出来的次品在低端市场上以一块钱的价格出售。"

这位代表当然明白那个微小的气泡是在吹制过程中进了空气,但是这根本不影响杯子的使用。他发现,这家公司对自己的要求比美方还要严格。他想再也没有必要去挑剔了，选择这样的合作伙伴是明智的。

当天，他找到这家玻璃厂的老板，对他说："你们厂的技术水平和生产质量是世界一流的，生产的产品几乎完美无缺，完全符合我们公司的检验和使用标准。价值20元的杯子，在这里却因为一个几乎察觉不到的小气泡，并且在无人监督的情况下用几近苛刻的标准挑选出来，只卖一块钱。我真的不知道你们是怎么做到的，我要和你们合作。"

最后，这位代表在给美方老总写信的时候说："这家工厂的员工堪称尽职尽责的典范，这样的企业无疑是值得我们信任的，我建议公司马上与该企业签订长期的供销合同。"

于是，一桩大生意就在员工精益求精的工作态度和工作细节中促成了。

成功者之所以成功，就是因为他们的责任心促使他们对每一件工作都精益求精地去完成。任何一家公司如果想在竞争中取胜，就必须先设法使每个员工对待工作精益求精。如果一个公司的员工不能做到力求把工作做到最好，那么公司就无法给顾客提供高质量的服务，就难以生产出高质量的产品。

同样，如果一个员工的字典里没有"尽力"而只有"尽责"，那么他将会不仅仅满足于"我已经尽力了"这种工作态度。因为他明白，工作就像盖房子，如果没有把根基打牢，最终建成的房子要么尺寸不合适，要么就是不够坚固，工作就等于白做了。所以，我们在做任何事情时都要尽职尽责、力求完美，只有这样，自己才不会平庸，也不会碌碌无为。

尽力不等同于竭尽全力，不等于全力以赴。任何一个企业组织，任何一位老板，都希望自己的员工把每一件工作都做得漂漂亮亮的，力求完美，这就要求员工做到尽责。

美国著名的理财投资专家约翰·坦普尔顿通过大量的观察研究，得出了一条非常重要的结论：取得突出成就的人与取得中等成就的人几乎做了同样多的工作，前者仅仅是多做了一分努力，却取得了与后者有天壤之别的成就。所以，尽力完成自己的工作，最多只能算是一位称职的员工；而在自己的工作中"每天多做一点儿"的员工，却有可能成为一位非常优秀的人。

在我们的生活中，无论是商业界、艺术界还是体育界，那些知名的、出类拔萃的人和其他人的区别到底在什么地方呢？答案就是：就多那么一点点努力。虽然只是多了一点点的努力，但正是这"一点点"却不是每个人都可以做到的。

因此，在我们的工作中，尽力不是理由，尽责才是本色！

第九章 / 互信双赢的态度
微笑竞争，真诚合作

当双赢成为越来越多人追求的目标，当互信成为获得成功的铁律，我们会发现，商场不再是一个没有硝烟的战场，对手也可以成为朋友。现代企业间，真诚的合作远比单纯的竞争更为重要。相信互信双赢，合作走向卓越。

◎ 商场上，没有永远的朋友和敌人 ◎

在一般人看来，当今的社会是充满竞争的，而这种竞争是非输即赢的关系。但在那些聪明人看来，在人与人之间的竞争中，有很多是可以以合作的形式出现的。他们相信人与人之间可以通过合作而不是对立的形式去竞争；他们相信可以通过合作来把蛋糕做大，而不是去抢他人的蛋糕。他们选择的是通过合作来达到共赢的目的。

我们可以假设：一个人之所以能成为你的对手，那他的实力肯定是与你相当的。即使你今天把他打败，谁能保证他没有东山再起的那一天呢？到了那个时候，你又要消耗精力来与他进行新一轮的竞争。与其这样没完没了地争斗下去，倒不如让对手成为自己的朋友，实现双方的共赢。

在一家房地产销售公司的年终表彰大会上，公司对销售业绩最好的前三名进行了重奖。公司老总本以为通过这种方式就能收到好的效果，但结果却让人大失所望，公司整体业绩不但没有提升，反而还有所下降。

老总对此百思不得其解，于是便去请教一位管理学专家。这位管理学专家在听完老总所说的管理措施之后，建议他改变重奖前三名的策略，而把奖励措施改为目标管理，根据年初制定的目标对员工进行考核，只要员工达到目标就给予奖励。公司的老总在采纳管理学专家意见后，整个公司的业绩果然实现了大幅度的提升。

后来，老总去问管理学专家其中的奥妙，专家一语道破天机：仅仅奖励前3名员工，看似会起到很好的激励作用，但实际上这种少数人受奖励的方式只会给其他人泼冷水。对其他员工而言，在这样的奖励方式下，即使他们完成了任务，也不会受到奖励，而奖励的人数又是有限的，这就在员工中建立了一种恶性的竞争关系——非赢即输，要么获得丰厚的奖励，要么什么也得不到。改变成目标奖励之后，变"非赢即输"为"双赢"：只要达到目标，大家都可以得到奖励，如此才有可能在员工中建立一种互助合作的关系。

一份成功的事业，往往是从良好的人际关系开始的。

经常有人在抱怨，同行是冤家，恨不得将同行置之死地而后快。实际上，同行不一定是冤家。

在西方家庭的餐桌上，习惯摆着美国水晶杯公司和细瓷公司生产的水晶玻璃杯与细瓷餐具，二者都是美国本土重要的餐具生产公司。以前这两家公司是你死我活的竞争对手，双方的关系极度不好。后来，两家公司改变了策略，经过相互协商，双方决定联合推销。水晶杯公司利用细瓷公司在日本市场上的信誉，通过联合销售，将其产品打入日本。而细瓷公司则利用水晶杯公司在美国销售的优势，使得细瓷餐具占领了美国家庭与饭店的餐桌。这样一来，双方的销售额和市场占有率都有了很大的提高。

这就是一个非常典型的同行合作的例子，从这个例子里，我们可以很明显地看到合作的力量。一个聪明的人肯定会想办法去减少敌人的数量。"多个朋友多条路，多个敌人多堵墙。"说的就是这个道理。

在博弈论中，往往会提到这样一个概念：零和游戏。这指的是在一项游戏中，参与游戏的人有输有赢，一方赢，另一方输，游戏的总成绩永远为零。这是一个很受关注的概念，因为在我们的现实生活中，很多方面都可以产生与零和游戏类似的局面：胜利者的光荣后面往往隐藏着失败者的辛酸和苦涩。零和游戏也是一种思维模式，也就是非赢即输的思维模式。

但是在实际生活中，聪明的人往往会抛弃那种为了成功而不择手段的做法。因为他们知道：此时的对手其实也正是朋友，如果能够以一种合适的方式把对手变成朋友，那才是最为高明的盈利方式。

◎ 舍得让一分利给客户 ◎

真正聪明的商家总是会让一分的利益给客户，这种看来很傻的做法其实蕴含着无穷的智慧。李嘉诚是华人世界的首富，他从白手起家发展到成为拥有 1000 亿港元资产的商界领袖，其中很重要的一点就是懂得与他人分享。他不止一次地说过，如果可以赚取十分的利益，他只取九分，把一分让给对方，这样一来就皆大欢喜，生意只能是越做越大，越做越长久。

赚取九分的利益，是一种超出常人的高明经营哲学，无论是经营一家大企业还是开一家小店，要想走得长远，就必须要有长远的发展思路。要想成就大事业，绝对不能抱着赚上一笔算一笔，能抓到手绝对不放松的心态。当我们遇到获利的机会时，要学会照顾客户的利益，做到有钱大家赚，有利大家享。只有这样，我们的路才能越走越宽，企业才能越来越大。

在一家农贸市场里，有两家卖鸡肉的销售商。销售商甲的摊位靠近市场大门，占据了很好的地理位置，而销售商乙的摊位却在一个略显偏远的地方。刚开始的时候，人们总是习惯到门口附近的那家去买，但是没过多久，销售商甲的客人却越来越少了，这是什么原因呢？

原来，顾客在销售商乙这边买鸡肉的时候，如果遇到8分、1角的零头，他一概不收。有的时候，顾客没有零钱，2角、3角的让利也是稀松平常的事情，并且在分量上总是比正常分量多出那么一点。这样一来，没过多久，销售商乙豪爽大气的名声就在消费者中间传播开来了。

与销售商乙恰恰相反的是，甲的做法就没有那么大气了。比如一位顾客到他那里买肉，称重后的价格是9.86元，他一定会用四舍五入的方法把钱算成9.9元。当一些顾客问他为什么要这样算的时候，销售商甲总是理直气壮地说："这年头生意难做，我这边的进价贵啊！"这个时候，顾客往往不会跟销售商甲争辩什么，但基本上以后都不会去销售商甲那里买东西了。

这样一来，销售商甲的摊位前人越来越少，而乙的店铺前往往站着很多排队等候的顾客。由于长期的不盈利，销售商甲最后只能把自己的摊位转让给乙。

简单的故事表明了一个大道理：如果肯让利给自己的客户，客户就会愿意和你长期打交道。反之，一些斤斤计较的小商贩不愿放弃自己微小的利润，这样总会给人一种奸商的感觉。

作为一个有远见的企业家，为客户着想从来不是一种降低身段的表现。时时为顾客着想，不斤斤计较于自己是否能得到全部的利益，懂得给客户让出一定的利益，这样的结果就是：赢得更多的客户，事业很快就能达到新的高度。

在我们的现实生活中，一些经营者也习惯把"客户是上帝"贴在墙上或挂在嘴边，但在实际经营的过程中，却处处为自己的利益着想，想方设法从客户手中赚取更多的钱，很少去考虑客户的实际利益，这种做法表面上一时得到了利益，但失去的却是客户的好感与长久合作的机会，最后将失去更大的利益。

一次，李嘉诚问他的儿子李泽钜和李泽楷："如果爸爸要入股一家公司，按理说我可以拿10%的股份，如果凭着我的地位和名望的话，拿11%也不算过分，你们说我应该拿多少？"

李泽钜说："当然拿11%，拿得多才能赚得多嘛！"李嘉诚笑着摇了摇头示意不对。

李泽楷虽然年纪小，反应却快，一看父亲的表情马上说："那肯定是应该拿10%了！"李嘉诚又摇了摇头，说："你俩说得都不对，按照我做事情的原则，我会拿9%。"

两个孩子茫然不解："你为什么要少拿啊，少拿岂不是少赚钱？"

李嘉诚说："孩子们，我们做事情不能只是考虑自己，更要考虑那些跟我们打交道的人。很多时候是这些人赚得多，我们自己才能赚得多，这就是爸爸做生意的诀窍：你想拿11%发大财反而发不了，只拿9%的话，财源反而会滚滚而来。"

李嘉诚是这么说的，也是这么做的。1977年，香港地铁中环和金钟两站上面的物业工程开始招标。这一地段是全香港最繁华的黄金地段，没有任何一家香港的房地产公司不对此虎视眈眈，李嘉诚的长江实业当然也不例外。但问题是香港政府已经将这块地的开发权交给了地铁公司，但地铁公司的实力却不足以单独进行开发，于是就需要通过招标的形式选出一家地产商，成为地铁公司的合作伙伴，与地铁公司一起吃这块肥肉。当时，置地、太古、金门等拥有英资背景且实力雄厚的大地产商夺标的呼声最高，与这些大地产商相比，李嘉诚的长江实业充其量只能算是中等水平。可是招标的结果却令所有人大跌眼镜——长江实业以绝对优势战胜了众多强手，获得了与地铁公司合作的机会。

事后，李嘉诚说出了他竞标成功的诀窍：能让则让，退一步海阔天空。他的具体做法是：第一，由于地铁公司财力有限，全部建筑费用由长江实业方面承担。第二，李嘉诚一反常态地打破了双方合作的惯例，楼盘建成后全部出售，所获得的利益地铁公司拿51%，长江实业拿49%。

滴水之恩，报以涌泉。商场不仅是一个互相竞争的地方，同时也是一个大家合伙赚大钱的地方。你为人厚道，别人就会信任你，就愿意跟你合作，愿意把自己所发现的商机和你分享，你赚钱的机会当然也就更多了。

对于合作的伙伴而言，李嘉诚在乎的往往不是那么一点点的利润，而是通过这么一点点的利润看清自己的合作伙伴。一个舍得让利的人有着大商人的气度和胸襟，是一个值得长期交往的合作伙伴。同样，这次让出利润，就会有下次的合作，也就会有更多的利润等待着双方共同去创造，进而达到共赢的目的。

◎ 一笔生意，达到"双赢"或"多赢" ◎

现代社会中充满了竞争，这种竞争是社会不断发展的动力。如今的社会是一个共存共荣的社会。那种为了自己的生存和发展而损害他人利益的做法已经不适宜时代的发展了，取而代之的是必须通过与他人的合作才能发展和壮大自己。这个过程中，只有利益共享才能形成良好的合作，才能获取别人的帮助，最终获得自己的成功。

在一笔生意中，两头得利不仅是一种现代理念，同时也是现代智慧的结晶。虽然人与人之间的利益冲突已经成为现代社会生活中不可缺少的一部分。但这种冲突的理想结局不是战胜彼此，而是实现利益均衡。聪明的商人在处理利益的时候，特别善于做到两头都能够盈利，因为这些世界上最聪明的商人心里非常明白，两头盈利的生意能够使对方欢喜，并且能够为自己争取更大的利益。一个人如果总想着自己一方面的利益，心里只想着往自己的口袋里塞钱，那么，当对方知道自己的利益受到严重损害时，他们就会毫不留情地与你断绝关系。

在美国，有一家老字号银行，这家银行大概有100多年的历史了。而这家银行当初创业的故事却颇有一些传奇色彩。

1844年，德国有一个名叫亨利·莱曼的人移民到了美国。他在南方待了一段时间后，就和两个弟弟一起定居到了巴拉圭，同时也做起了杂货生意。

巴拉圭是美国的一个著名产棉区，当地农民手里拥有最多的就是棉花。在经过商量之后，莱曼兄弟积极鼓励农民以棉花替代货币来交换日用杂货。

在一般人看来，做生意肯定应该以"现金第一"为标准。只有现金才能流通，才能有资金去购买新的货物。但莱曼兄弟却把账算得很清楚，在他们看来，以商品和棉花相交换的买卖方式不但能够吸引那些一时间没有现钱的顾客，而且能够扩大销量；同时在以物换物并处于主动地位的情况下能够掌控棉花的价格；还有在经营杂货的时候，原本就是需要通过运输来进货的，现在趁着空车进货的时候，顺便就可以把棉花捎过去，还能够节省一笔较大的运输费。这种"一笔生意，两头获利"的方式让莱曼兄弟发展得很快。

就这样，没过多久，莱曼兄弟便由杂货铺的小老板发展成了经营大宗棉花生意的商人，棉花购销成了他们的主要业务。在美国南北战争期间，莱曼兄弟在伦敦推销联邦的商务，在欧洲推销棉花。战后，他们在纽约开办了一个事务所，成为大宗农产品的代办商，莱曼兄弟从此便走上了规模化经营的道路。

对于生意人来说，获取利润是亘古不变的信条。但却有不少人就是因为被利益蒙蔽了双眼，从而丧失了继续发展的动力。任何一笔生意，最好的结果不是你赚了多少钱，而是双方赚了多少钱，因为只有这样，才会促成双方下次的合作，只有两头都能够获得利润，才能将生意做得更为长久。

在商业活动中，顾客永远是最终的消费者，一种商品最终的流向肯定是消费者。如果商家能够认真地听取消费者的意见，改进自己的工作，那将会招来更多的顾客，使自己的生意变得更好，这其实也是商家和消费者的双赢。

当双方的利益发生矛盾和冲突的时候，是完全可以通过让步和妥协的方式进行解决的。甚至可以这样说，让步和妥协实际上是现代社会中解决此类问题最常用的方式和手段。

如果一位消费者拿着一只已经加工过的火鸡找到超市经理要求退换，相信大多数经理的第一反应肯定是要求检验，可如果检验出来的结果是由于消费者的烹饪技术造成，而不是火鸡本身的问题，那一般的经理应该都不会选择给予退换。但是在美国底特律有位叫伦纳德的老板在这种情况下却同意退换，这样做的结果怎样呢？这件事以后，这位消费者便经常光顾他的商店，一年的时间便从这个店里买了5000多元的商品。经过这件事，伦纳德总结出了一条经验：对于企业的经营者而言，"顾客的建议、要求和挑剔总是对的"是绝对的真理。

对于生意人来讲，最害怕的事情莫过于没有钱赚，最担心的事情莫过于没有生意可做。作为一个现代的商人，一定要树立这样一种观念：生意随时能做到让双方都能够获得自己想要的利润。出现矛盾是必然的，有矛盾当然不是一件好事，但也不完全是坏事。双方有矛盾其实也就表明双方有共同的利益可以去分配，只要调和好彼此的矛盾，生意一样可以做成，并且可以做得很长久。

◎ 诚信，一份双赢的合同 ◎

我们在游戏中要遵循游戏的规则，在经商中要遵循经商的规则。同样，做人也要有做人的分寸。现在的市场经济既是法制经济，也是诚信经济。不讲诚信的人要想在市场经济中立足，那只能是痴心妄想。无论是个人还是企业，如果能够做到讲诚信，那么人们就会相信他。正是因为这种诚信，才给人们带来了个人难以想象的收益。一个信守承诺的人，将会有越来越多的人与其交往；一家企业信守承诺，将会给企业带来新的生机。

很多人都知道，荷兰是一个历史悠久的海上贸易强国。荷兰商人的信誉在欧洲也是有目共睹的，而这种信誉是通过荷兰商人一次次的行动累积起来的。

15世纪的时候，海上贸易刚刚兴起，开拓新的市场已经成为一项获利极为丰厚的活动。在高额利润的诱惑之下，1596年，荷兰的一个船长带着一批水手，组织了一次大规模的探险活动。于是一些商人就委托船长带一些货物到目的地进行交换。

由于是初次探险，船长走了一些弯路，在到达北冰洋的时候，恰逢到了冬天。冬季的北冰洋是无法通航的，探险的船只被迫停泊在了岸边，水手和船长不得不登岸驻扎，等到来年冰雪消融后继续航行。

北极圈寒冷的冬天对于适应海洋性气候的荷兰船员来说是一个噩梦。饥饿和寒冷不断地摧残着船员的意志，他们自备的食物越来越少，御寒的衣物也不够温暖。在这种情况下，没有一个人打货舱的主意，虽然那里有足够的食物和衣服。寒冬过去后，船长数一数现在的人数，已经减少了1/3。到达目的地之后，船长没有食言，他用货舱里的货物换了很多异国的商品，然后带着换来的商品回到了荷兰。等到他们历经千辛万苦回来之后，船员只剩下出发时的一半了，但商人们的货物却安然无损。

这就是荷兰商人，虽然大部分的水手是抱着发财梦想而出发的，但是直到生命的最后一刻，他们依然坚守着自己内心的信念。守住了诚信，也就守住了未来……

坚守商业上的信誉能让你有做不完的生意；坚守生活中的信誉能让你得到他人的信任，受到众人的欢迎。良好的信誉是一个人生活和事业的通行证，它代表了一种美好的品格和道德，并且是每个想要成功的人应有的品质。

无论是对于一个人还是一个企业而言，诚信永远是最重要的资产，是最有价值的名片。一个不知道诚信价值的人，即使一时间获得了成功，也必将不会长久。在汉字中，诚信的"诚"字应该怎么写？海尔集团的领导为此做出了一个很好的解释：一个"言"字加一个成功的"成"字，就是"诚"，要让作出的承诺兑现，付诸实施，并要见成效。

在海尔的内部，员工时刻记着这样一个信念：卖信誉，而不是卖产品。正是这些普通员工的努力使得海尔给用户留下了深刻的印象。

一天，一位广东潮州的客户向海尔集团写信求购一台特殊型号的洗衣机，海尔总部收到信件之后，马上要求下属企业海尔梅洛尼公司与他约好上门送洗衣机。双方约定的时间是7月8日。7月6日晚上，这台洗衣机由青岛运到了广州；7月7日早上，驻广州安装维修人员毛宗良租了一辆车，护送洗衣机开始赶往潮州；到了下午2时的时候，距离潮州还有一半路程，但他的车子却因为一些原因被扣留在了路上，而被扣留的地方距离最近的海丰城还有四五里的路程。

在广东7月的阳光下，这位安装维修人员拼命地拦截过往的汽车，但是司机一看是洗衣机这么大的物件都不愿意拉……到了下午3点钟的时候，他等不下去了，决定找到绳子把洗衣机背到海丰城。烈日下的气温高达38摄氏度，而他还没有吃饭，可为了抢时间，他硬是背起重约150斤的洗衣机上路了。

不大一会儿，汗水就湿透了他的衣衫，路过的人看到这种情况都感觉十分好奇，不明白为什么这个人要在烈日下背着洗衣机前行。当他累得不行的时候，就稍微休息一下，然后再咬着牙继续走。就这样，四五里的路程，他走了两个多小时，等到达海丰城的时候，已经是下午5点多了。可他没有顾得上其他的，就立即打电话给销售公司，让他们派车来提洗衣机。

直到晚上8点多，销售公司的车将洗衣机装上准备往顾客家出发的时候，他才想起来自己已经两顿饭没有吃了。就这样，第二天，也就是7月8日的清早，洗衣机准时送到了用户家，进行了安装调试。

当客户得知这件事的时候，深深地被这个海尔员工感动了。客户对海尔的信任是海尔人用自己的真诚和诚信换来的，这也是它能够成长为国际知名品牌的关键。

这是一个对诚信要求越来越高的社会，这是一个越来越期望双赢的社会。建立起诚信，需要的是双方的努力。在现代社会中，我们都希望别人能够以诚信来对待我们，我们也渴望着人与人之间能够实现双赢。但这些美好愿望的实现却从来都不是以单方面的努力就能够达成的，它靠的是双方的诚信。

◎ 信誉是品牌，更是竞争力 ◎

人与人之间有了交往，也就有了彼此的信誉。只有那些坚持以诚信待人的人才能赢得良好的声誉，才会有人愿意与他们长期交往。

对于一个成熟的银行家来说，他在放贷的过程中，最为看重的就是一个人的信誉，他们对于资本雄厚，但品行不好、缺乏信用的人，决不会放贷一分钱；而对于那些资本不多，但信誉较好的人则慷慨相助。任何人都应该懂得：信用是人一生最重要的资本。要知道，糟蹋自己的信用无异于在拿自己的人格做典当。

　　一些企业在初创的时候业务量虽然并不大，但人们却乐意与其进行合作，这种情况往往只能说明一个问题：这家企业是依靠"诚信"立身的。很多大公司或者百年企业最初发展的雏形都是如此。

　　众所周知，东北盛产人参和鹿茸，但是经常做人参、鹿茸生意的商人都知道，全国人参和鹿茸的集散地却在温州。东北和温州两个地方，一个在北，一个在南，竟然会因为人参和鹿茸而扯上关系。这还不是让人惊讶的，最让人惊讶的是，同样的人参，在东北原产地的价格是2000元/公斤，而在温州却只卖1900元/公斤，这又是怎么一回事呢？

　　人参和鹿茸，从东北到温州，千里之遥，温州人却赔本卖了出去。

　　温州人做生意非常讲信用，所以，东北人非常喜欢和温州人做生意，每次买卖人参和鹿茸都是大手笔。

　　经过一段时间的合作，温州人和东北人建立了友好的往来。东北商人觉得温州人非常讲诚信，温州人正是凭借自己诚信的优势，之后采取了赊销的方式。经过合作，温州人就凭借自己良好的信誉，预先支付20%~30%的订金，等把货卖出去后再交剩余的钱。虽然是这样，但是温州人却从来不会拖欠剩余的钱，每次合作都是言出必行，这让东北人感到非常放心。

　　温州人靠自己的信誉赢得东北人的信任，和他们成为朋友，自然就能拿到人参和鹿茸了。温州人认为，赊销方式不仅仅是普通的经营手段，更是一种机会、一种商机。他们把人参和鹿茸投放到市场上，以低廉的价格销售就是为了利用这笔资金，用卖完人参和鹿茸的钱去做其他生意。在一年当中，他们可以周转这些资金去做很多生意，虽然卖人参和鹿茸赔钱了，但是做其他生意却全都赚了回来，而且不仅补上了差额，还赚到了丰厚的利润。

这就是信誉的力量，对于自己说出去的每一句话、作出的每一个承诺都要牢牢地记在心里，并且努力地去兑现。无论做什么事情，信誉都是最重要的。一时的损失将来还可以赚回来，但损失了信誉就什么事情也不能做了。

"诚信者，天下之结也。"这是中国古人从帝王到百姓都信奉的立世之本。孔子说的"民无信不立"、"与朋友交，言而有信"，就是强调人们必须把"守信"作为人生的重要信条。

如果做人不讲信誉，可能会凭借狡诈赢得一时，但绝对不可能赢得一世。

很多人都知道美国有一个很大的财团叫作摩根家族，可是很多人想不到的是，这家财团的创立竟然是因为一场火灾。

1835年，摩根先生成了一家名叫"伊特纳火灾"的小保险公司的股东，因为这家公司不用马上拿出现金，只需在股东名册上签上名字就可以成为股东，这符合摩根先生没有现金但却能够获益的设想。

天有不测风云，就在摩根成为这家公司的股东之后，一个客户不幸遭遇了火灾。按照与保险公司签订的合同，如果要全额支付保险金的话，保险公司将会面临破产的境地。出于对自己利益的考虑，很多股东都要求退股。

这个时候，只有一个人没有这么做，他就是摩根。摩根考虑再三，他坚定地认为自己作为公司的股东，信誉比金钱更为重要。于是他四处筹款，没有现金，他甚至卖掉了自己的房子。然后，他将筹到的钱如数付给了那位不幸的客户。经过这件事，伊特纳保险公司的名声便在消费者的心目中建立起来了，同时也成了信誉的保证。

摩根最终成了这家公司的老板，在赔付了保险金之后，摩根和他的公司都没有了现金。在无奈之下，摩根做起了广告：凡是在保险公司投保的客户，都要加倍交付保险金。然而，令摩根没有想到的是，投保的顾客竟蜂拥而至。原来，经过那次火灾之后，摩根的保险公司的声誉一下子超过了很多有名的大保险公司。

凭借着良好的信誉，摩根的公司逐渐发展壮大，最终成为华尔街的巨头，成为美国财富界的传奇。

现代社会中，一个人的信誉就是一个人的标签；一个人的信誉就是一个人的财富；一个人的信誉也是一个人的立身之本。从古到今，只有那些坚守信誉的人才是最后的赢家。如果离开了诚实守信这条最基本的原则，每个人都过河拆桥，那么人与人之间的交往将很难继续下去。

渴望成功没有过错，只是我们要注意获取成功的手段和方式。中国有句老话："留得青山在，不怕没柴烧。"在当今的资本市场上，你的信誉就是青山，只要你拥有良好的信誉，资金不是问题，成功就会变得水到渠成。如果一旦失掉了自己的信誉，获得的也许是一时的小利，但最终失去的却是自己安身立命的关键品质。

无论是在工作还是生活中，你的信用越好，就越能够为自己以后的成功顺利地打开局面，处理好各种关系。在你经商的过程中，更要重视自己所说出的每一句话，把自己许下的诺言变成现实，让周围的人真正地开始去信任你。如果能够做到这一点，成功将不再是你苦苦追求才能得到的，而是成为一种水到渠成的事情，成为常态。

◎ 现代企业，合作远远比竞争更重要 ◎

一个人无论怎么努力，他的力量总是很有限的，要想成就一番大事业，就必须要依靠与他人的合作。

一个善于与他人合作的人往往比习惯于单打独斗的人更具力量。从心理压力上来讲，一个每天只想着不断与他人竞争的人，往往会变得狭隘和自私，而一个善于与他人合作的人则会心情愉悦，更容易取得成功。

在商业活动中，竞争是自然法则，竞争是展示自身实力、打败对手、占领市场的不二法门。但在历经惨烈的竞争之后，很多人都会发现：竞争并不是万能的，如果双方势均力敌，这样无休止地斗争下去，结果往往只有一个，那就是鱼死网破、两败俱伤。反之，如果双方能够达成一定的妥协，相互合作，发挥各自的优势，共同开发和经营，这样就能够在瞬息万变的市场上达到利益均衡的良好效果。

印度尼西亚的著名华人银行家李文正，他成功的最大秘诀就是合作。他认为："做生意，眼光一定要放得长远一点，要努力做千秋的生意而不是一时的生意。"经常挂在他嘴边的一句话就是："如果双方是为了利益而争斗不休，那么生意就不会稳定，即使双方需要谈判，最好的结果也不是一定要分出胜负，而是双方皆大欢喜。"

在创业的最初阶段，李文正是与朋友合伙经营进出口业务。在他转入银行业之后，采取的方式也是和华商合作。到了1971年，他与弟弟李文光、李文明及华商郭万安、朱南权、李振强等共同集资，组建了泛印度尼西亚银行。在具体的经营过程中，李文正与瑞士富士银行、日本东京富士银行、澳大利亚商业银行等金融同行组成了国际金融合作有限公司，从事国际性的资金融通与开发业务。

正是凭借着与对手的有效合作，他们在短短的5年之内，使得泛印度尼西亚银行成为印度尼西亚第一大私营银行。

双赢所需要的是对自身条件的客观认识，是对双方形势的全面分析，是对周围环境作出客观判断后的正确决策。在思维层面上，它超越了狭隘的自我观念，它秉承了现代管理学的内涵，在取舍之间作出了最为高明、又最为有利的选择。

一个优秀的管理者必须是一个善于作出决策的人。特别是对待竞争对手的时候，选择合作还是斗争往往也是考验一个人的时刻。

李嘉诚说："商业合作必须有三大前提：一是双方必须有可以合作的利益，二是必须有可以合作的意愿，三是双方必须有共享共荣的打算，此三者缺一不可。"这一原则不仅使李嘉诚的商业伙伴给他带来了源源不断的业务，更使得他在商界拥有非常广阔的人脉。

对于经商，很多商人都只是在有利可图的时候才会去做，没有好处的事就置之不理。然而，李嘉诚却不这么认为。在他看来，顾及对方的利益是最重要的，商人绝对不能把目光仅仅局限在自己的利益上，自己的利益和对方的利益是相辅相成的，自己舍得让利，让对方得利，最终还是会给自己带来较大的利益。占小便宜的人不会有朋友，对于经商来说同样也是这个道理。因此，李嘉诚在与别人的生意合作中总是抱着共同谋利、为对方着想的态度，这也是他能够不断壮大自己商业帝国的重要原因。

当相互间的竞争成为一种常态的时候，聪明的人总是在坚守一个道理：合作永远会比竞争重要得多。竞争会让人失去了目标和方向，单纯为了胜利会使一个人变得不择手段，而如果选择合作，就能够让人变得心平气和，并且与对方共同盈利，最终达到双赢的目的。

这是一个充满竞争的社会，但同样是一个充满合作的社会。要想成功，我们则必须善于与对方合作，从而发挥双方最大的力量达到共赢的目的。

人与人之间无序的竞争带来的必然是一定程度上的相互遏制和消耗，从而造成有限资源的挤占和浪费。而双方的合作则能够在最大限度上避免类似情况的发生。竞争是一把锋利的双刃剑，如果缺乏合作的对手，那很可能受伤的就是自己。我们可以试想一下，当有那么一天，我们在竞争中大获全胜，却丧失了竞争对手，同时也没有了合作伙伴的时候，那时的我们将会多么无助与孤单啊！

第十章 ／ 自动自发的态度
执行才是硬道理

言比行轻松，口号人人会喊，真正付出行动的人却少见。安于现状的人永远不会理解主动请缨的价值，行动拖拉的人永远不会明白以快制胜的意义。这是一个需要自动自发的时代，这是一个主动寻求机会的时代。唯有如此，执行才会轻松，成功才会靠近。

◎ 高喊口号，不如低调做事 ◎

我们在很多地方都可以看到一些激动人心的宣传。不可否认，口号肯定是具有一些积极意义的，但口号的意义不在于让人去看，更在于让人去执行，从而达到预期的效果。如果只有口号而没有执行，那口号的作用只能是零，甚至是负数，因为口号的制定也是需要耗费人力和物力的。

制作出一个口号的条幅或牌子很容易，把它挂在显眼的地方也不难，难的是把口号挂在心底，把口号落实在行动之中。无论你的决策多么英明、战略多么宏伟、设想多么美好，如果只是停留在嘴巴上喊口号，而不落实在实际的执行上，也只能是水中月、镜中花。

很多人都知道海尔集团，而这家集团的文化中心里有一条让人啼笑皆非的口号：不准在车间随地大小便。初次看到这句话，很多人都觉得这是一个笑话，但是了解海尔发展历程的人都知道：海尔的崛起正是从这句口号的执行开始的。

1984年对于张瑞敏来说，这是一个艰难的开始，他来到了一家即将破产的电冰箱厂，这家小厂的产品质量粗糙、滞销积压，没有发展资金。在他就任这家工厂的厂长之前，已经更换三任厂长了，有的知难而退，有的竟被工人赶走了。

来到这个厂后，厂里的情况比张瑞敏想得更加糟糕，迎接他的是50多份请调报告，这是一个让人有些绝望的现状。

公司的规章制度不是没有，但是工人却从来就没有认真地执行过。对此，张瑞敏只采取了一个办法——把那些规章制度全部废弃，并且重新制定了13条简单有效的口号贴在厂房里。这次，张瑞敏是知难而进，把规章制度刻在工人的心里，明确规定谁违反规章制度就扣谁的工资。

以前的海尔也不是没有口号，但总是流于一种形式，谁也没有把那张纸写的制度当一回事。直到张瑞敏来了，用他那把大铁锤砸碎了76台有缺陷的冰箱，同时也砸碎了那些空洞的口号，砸出了海尔员工的执行意识。

我们要想把眼前的事情做好，空喊口号是没有任何效果的，最关键的是执行力。那种雷声大、雨点小的行为最终的结果往往是失败。而失败的原因很简单——缺乏足够的执行力。

任何工作，如果只是依靠一时的激情和口号而没有强大的执行力是远远不行的。我们要想做成一件事，不能仅仅只局限于喊口号、搞形式、做样子，更重要的是要高效地贯彻执行，全力以赴地解决问题，把工作做到实处。

在任何一个组织或者企业里，都会要求其成员做事情要落到实处，而不是专门喊口号。如果喊口号就能够解决问题的话，那还不如直接去买一个音响天天放口号就好了，何必要做事情呢？

无论什么时候，执行力都是一个人立于不败的重要因素。在我们的身边，不乏一些工作能力很强却得不到赏识和重用的人。究其原因，他们对工作缺乏责任感、循规蹈矩，习惯在别人的督促下才干活。一个优秀的员工从来不会只是空喊口号，对于工作，他们总是自发地去执行。一个对未来有信心的人，应该自动自发地去做事，率先主动去提高自身技能。这样的员工根本不必依靠管理手段去触发他的主观能动性，也只有这样的员工才能与企业共同发展，创造辉煌。

◎ 多付出一点点 ◎

很多人都有过这样的感受，两个大致相同起点的人，每天做着同样的事情，但经过一段时间以后，彼此之间的差距就被拉开了。有的人成了业务上的骨干，有的人能够坐上领导的位置，还有一些人自己开了公司，成了老板，但还是有些人依然在原地踏步。

其实扪心自问，那些成功的人不一定拥有着过人的天分，也不一定比别人的运气好到哪里去。他们之所以能够很快地脱颖而出，最主要的原因就是他们每天都能比别人多做一点点。人与人之间的差别就在毫厘之间，成功或者失败的差距就在于你是否肯多付出一点点。

在管理界，有一个重要的定律：多一盎司定律。这个定律指出了这样一个道理，取得突出成就的人与取得中等成就的人几乎做了同样多的工作，但是他们之间的差距就在于其中一个只是比另一个多做了一盎司的工作而已。一盎司是多少呢？一磅的 1/16。也就是说，那些成功的人不必比他人所做的事情多太多，只需要微不足道的一点点，你就可以达到别人达不到的高度，取得他人无法取得的成果。

当你付出了99%的努力，已经完成了绝大部分的工作之时，再加上"一盎司"的工作量并不是非常困难的一件事。如果你肯每天都加上这么一点点，你会发现你和其他人的差距在慢慢拉开，而最后你得到的回报肯定会超过一盎司。

有人相信一个没有上过大学的人可以成为卡内基钢铁公司的董事长吗？这不是天方夜谭，而是实际案例。

舒瓦普是一个出身贫寒的人，他从小就有一个梦想，那就是走出偏僻的山村，去更大的城市发展自己。

来到了大城市之后，他先是从一个工地的小工做起。在工地上，工作是十分辛苦的，很多工人都在抱怨，只有舒瓦普在认真地做好每天的事情，甚至比其他工人更加卖力。

一天，公司的经理到工地视察的时候，一眼就看到了这个勤奋的小伙子。在经过观察之后，经理决定给他更大的发展空间。

到了新的位置之后，舒瓦普依然勤勤恳恳地工作，并且一丝不苟地完成自己的任务。就这样，他每天都比别人多做一点点，终于厚积薄发，成为卡内基公司的灵魂人物。

后来，舒瓦普在总结自己的经验时说："正是由于自己出身贫寒，没有受到多少教育，只有不停地多做才能进步。"

古人说，行百里路半九十。很多人其实已经走了99里路，只是差那么一点点却不能再坚持下去，于是就只能做成功者的旁观者了。就是那么一点点的差距，让很多人在人生的路上越行越远。

在体育场上，你多付出一点点，就会让教练更加信任你，从而得到更多表现自己的机会；在生意场上，你多付出一点点，便能得到他人对你的好感与信任，从而得到更多的顾客和利润。

多一点的付出，在别人看来可能是傻、是吃亏的表现，但这可能会让你获得意想不到的回报；多一点的付出，其实并不需要你刻意地去做些什么，只是需要一点点的积累，而这种积累将会聚沙成塔、集腋成裘，最终让你赢得丰厚的人生奖励。

在一个下雨天，一位老妇人来到费城的一家百货公司。这位老妇人看起来衣着朴素，也不像需要买什么东西的样子。柜台上的工作人员并没有把这位老妇人放在眼里，而只有一位年轻人上前来问她是否需要帮忙。当她回答只是想到这里避雨，雨一停就走的时候，这位人年轻并没有立刻转身离去，而是给她搬了一张椅子。

等到雨停了，这位老妇人向年轻人要了一张名片，并向他说了一声谢谢就离开了。在几个月之后的一天，年轻人收到了一封信，信中有一份要求他前往苏格兰装修一座城堡的订单。这时候，百货商店的其他销售人员才知道，那位躲雨的老妇人就是钢铁大王卡内基的母亲。

年轻人的成功在很多人看来只是一种偶然，其实细细想来，这是一种必然。只有平时多去付出一点点，才会养成这样良好的习惯。而正是这种多付出一点点的行为，不仅没有让他吃亏，更让他获得了出乎意料的成功。

一个人与其每天不停地抱怨自己没前途，抱怨老板不重视自己，还不如看看那些受到重用的人都在做什么。除了自己的本职工作，多做一点点，日积月累，这将为你日后的发展铺就坦途。

◎ 要心动，更要付诸行动 ◎

　　临渊羡鱼，不如退而结网，古人在很早的时候就总结出了这么精典的哲理。但是直到现在还是有很多人不明白这样一个道理：与其眼巴巴地看着目标心动不已，不如收起垂涎的目光，并积极主动地行动起来，把理想变成现实。尤其是在这样一个信息异常通畅的时代，机会往往稍纵即逝，如果你不能及时把心动付诸行动，那么你丧失的可能会是一个能让你梦想成真的大好时机。

　　人生是需要梦想去支撑的，但是如果一个人只是把梦想藏在心里的话，那么梦想就永远只是一道可望而不可即的苦涩风景。梦想是无比美好的，但是由现实走向美好的梦想则需要一个桥梁，而这个唯一的桥梁就是行动。如果能够把心动及时付诸行动，其实与梦想的距离并没有你想象的那么遥远。很多人都曾为梦想心动过，当看到别人风光的时刻，人们会羡慕；当看到别人达成理想的时刻，自己也会内心澎湃。但很多人也只是心动而已，在心动之后就不知道自己该如何去做了。

　　一个满怀牢骚的人向牧师抱怨说："上帝是不公平的，很多有能力的人根本没有实现抱负的机会，很多没有本事的人却能够取得成功，这简直太不公平了！"

　　牧师于是问道："你为什么要这样说呢？"

　　这个人依然愤愤不平地说："我小学的同学×××，那时候还经常抄袭我的作业，学习成绩也不好，但现在居然成了全国有名的作家，到处演讲。"

　　牧师说："但是，我听人说他平时是很勤奋的，经常工作到深夜……"

没有等牧师把话说完，这个人又开口说话了："我们班里还有一个病秧子，从小体质就很差，体育课很少及格。但是你知道吗？现在他成了一个小有名气的体育明星，这真是一件让人难以置信的事。"

牧师又开口道："我听周围的人说，×××除了吃饭睡觉之外，把他所有的时间都用在了刻苦训练之中……"

这一次，牧师一句话也不说，一直等到这个人把话说完。在一通喋喋不休之后，这个人开始问牧师："你现在是否也同意我的观点，认为上帝并不是十分公平的？"

牧师摇摇头说："我认为上帝依然是公平的，人与人之间都是平等的。他让天赋不高的人通过努力实现自己的理想，他让身体瘦弱的人通过锻炼变得强健，难道这些事情还不能说明问题吗？这一切都说明上帝很公平呀。"

听到牧师这样说，这个人心有不甘地继续问道："那成功为什么就不会出现在我的身上呢？"

牧师接着说："你自己做了什么呢？"

在我们的现实生活中，有太多的人坐等好运降临或者坐等别人照顾他们。但事实告诉我们，任何一个有所成就的人都不会被一时的困难所束缚。面对困难，这些人往往能够用实际行动去解决问题。

如果把成功比作一架梯子，不论你攀爬的技术是好是坏，如果你一直把手插进口袋，那就永远没有爬上去的可能。

在当今社会中，各种信息让人眼花缭乱。对于任何一个可以让我们成功的信息，我们都难免心动。在结合自己的实际情况下，如果我们觉得某些方法可以实现自己的理想，到达成功的彼岸，那么我们就不能只是处于观望状态，而是应该及时行动。

很多人虽然表面光鲜，但内心却经受着常人难以理解的煎熬。这种煎熬不是因为自己没有事情做，而是有心去做但又不去付诸实际行动所带来的巨大反差。小王就是这样一个典型代表，他毕业后就进入了一家事业单位上班，每天过着朝九晚五的生活，在别人无比的羡慕中，只有他自己知道这种枯燥乏味的日子是多么的没有激情。他无时无刻不渴望着改变，当他看到他以前的同学生活得那么精彩时，他也动心了。

有个朋友建议他到一家补习学校去做兼职老师，他也非常感兴趣。等到上课的时候，他又觉得挣钱太少，不愿意去。

他想学习英语，但是看到英语单词就犯困；他想学习计算机编程，考一个网络工程师，但是坐到电脑前时，他就忘了学习的事，玩起了游戏；他甚至想写作，但是一下班就和一帮朋友吃饭打牌去了。

他不是不想改变，而是他实在是缺乏改变的具体行动。时至今日，他依然过着浑浑噩噩的生活，茫然找不到人生的方向。

这种心动却不行动的人在我们身边有很多。当今的时代，供企业和个人选择的机会太多了，在这种选择难度骤然加大的时候，我们更要懂得及时行动的重要性。当然，及时行动并不等于盲目冲动，只是一旦确定自己可以去做并且能够去做的时候，我们的机会就来了。

现在，我们可以认真地回想一下，曾经有多少次让自己心动的时刻，可是我们却没有及时地把这些心动付诸实际的行动，而成了我们心中永远的遗憾？很多时候，我们的想法或者理想没有实现，并非是因为我们没有能力，而是我们压根儿没有去做！所以从现在起，当我们心动的时候，就要及时地行动，这样我们的人生才会少一些遗憾，多一些精彩。

◎ 激情是通向成功之路的最佳伙伴 ◎

激情是一种神奇的力量，它能够调动起我们全身的每一个细胞，它能够促使我们发挥出平时无法达到的水平，它能够感染我们周围的人，它也能够让工作变得主动而有效率。一个拥有激情的人，他会觉得自己所从事的工作是世界上最神圣和崇高的职业。一个丧失激情的人，无论是工作还是学习都会感到厌倦，也难以成就大事。

无论一个人拥有多高的才能，拥有多少知识，如果没有激情，那就等于是纸上谈兵，最终让自己变成一个空想家。即使一个人不是十分聪明，能力也有限，但他能够拥有无限的激情，那么这样的人就不会为自己的前途操心了。

人生是一个不断进步的过程，在不断提高的过程中，激情是不可缺少的动力。如果我们的生活丧失了激情，那日子将会变得平淡如水，没有了精彩的瞬间。那么我们如何才能确保自己拥有长久的激情呢？那就是责任心。责任心是点燃激情的火把，是执行力重要的体现方式。

富有激情的人往往最了解自己，因为他们明白自己的优势，也明白自己行动的目标。

所谓的激情主义者往往是最为清醒的。真正的激情主义者永远不会在乎别人怎么说自己，也不会在乎自己碰过多少钉子。面对无数的冷言冷语，甚至明枪暗箭，他们都能够以一种无畏的精神去为自己的理想付诸实际行动，用激情来照亮自己前进的道路。

一个刚进入职业联赛的球员原本以为自己将会有一份稳定的收入，但令他难以接受的是，没过多久，球队就把他给开除了。他心里不服，来到了球队经理的办公室。球队经理给他的理由是："虽然你没有多大的过错，但你在球场上动作无力，奔跑也没有激情。我的球队不想被你的死气沉沉所传染，所以你还是另谋高就吧。"

这件事情让球员感到十分沮丧，但他并没有因此而变得意志消沉，因为他知道自己还年轻，还有很多时间来改变自己在他人眼中的形象。于是，他暗下决心一定要成为球场上最有激情的球员。加入新的球队之后，在有限的上场时间里，他用尽自己全部的力气奔跑，尽自己最大的努力帮助球队得分。当时的天气高达华氏 100 度，他在球场上这般不要命地奔跑很有可能就会中暑。但是他浑然不顾，他用自己的激情不断地感染着队友，在自己得分的同时也调动起了队友们的积极性。

第二天早上，当地体育报纸的头版就开始介绍：球队新加入的球员是一个充满能量与激情的家伙。他用激情感染了整支队伍，他们不但赢得了比赛，更赢得了未来。这是一场值得纪念的重要比赛。

作家拉尔夫·爱默生说："热情像糨糊一样，可让你在艰难困苦的环境里紧紧地黏在这里，坚持到底。它是在别人说你不行时，发自内心的有力声音——我行。"这就是说，一个人如果没有激情，就不能把工作做好，而一旦对工作充满高度的激情，便能够把枯燥乏味的工作变得生动有趣，让自己充满活力，进而取得非凡的成绩。

甚至可以这样说，当你付出十分的激情，它将回报给你的会是十二分的业绩。因此，一个人要想在工作中脱颖而出，实现自己的价值，就必须做到一点：随时带上自己的激情。当我们把这种发自内心的巨大精神力量转化为工作中的行动时，就一定能促使我们排除疑惑，从而变得更加自信，也能够使我们达到预定的目标。最终，我们将创造出辉煌的业绩，品尝到成功的喜悦。

比尔·盖茨有句名言："每天早晨醒来，一想到所从事的工作和所开发的技术将会给人类带来巨大影响和变化，我就会无比兴奋和激动。"这句话阐释了比尔·盖茨对工作的激情，很多人都受到了他的感染，"激情"也一作为微软的企业精神而延续着。

一位在微软工作的人说："在微软工作，热情与聪明同等重要。没有热情，你在和客户交流的时候就很难说服他们。"每当公司举行全球性的公司内部会议时，众多的人聚集在了一起，每个人的脸上都洋溢着对技术近乎痴迷的狂热和对客户发自内心的热情。这样的会议通常是在大家的欢呼，甚至是眼含热泪的情况下结束的。

还有一位研究员经常对公司的领导说要去见"女朋友"。一个偶然的机会，公司领导在办公室看到了他，就问他不是去见女朋友了吗？这位研究员指着电脑笑着说："这就是我的女朋友呀。"

所有进入微软工作的员工，每时每刻都保持着对工作的热情，而正是凭借着这种超乎常人的激情，他们共同打造出了雄霸世界的微软帝国，在行业内始终处于领跑的位置。

真正的激情不是三分钟的热度，很多人在事情刚开始的时候并非没有激情，但是在他们遇到了各种不利的情况之后，激情便被阻力磨损，被失败挫伤，这算不上有激情的工作。事实上，真金不怕火炼，在历经考验之后，依然满怀激情战斗的人才是真正有激情的人。只有这样的人才能始终在激烈的竞争中胜出，成为少数的胜利者。

激情也不是空洞的口号,而是体现在工作的每一个细节之中,体现在时间的积累中。哪怕现在的我们很平凡,但只要我们满怀激情,尽自己最大的努力做好每一件事情,那我们的一生将不会有遗憾。

◎ 主动请缨,走在别人前面 ◎

在我们的工作中,总是会遇到这样的人:一种是单纯听从领导的指示,领导让他们做什么他们就做什么,行为举止完全都在人的预料之中;还有一种人,他们在接到任务的时候立即能够想到新的方法解决这个问题,甚至在别人还没有意识到问题存在的时候,他们就能够主动请缨把事情解决。

如果用一个形象的比喻,可以把完全听从领导指示的人称为棋子、一个被动的执行者。但我们也应该清楚地看到:一个不懂得用脑筋干活的职员就像被绳索套住的老牛,可能一直很努力,干的活也很多,但却总是被别人牵着走,缺乏主动权。对于现在瞬息万变的社会而言,不掌握主动的人将永远落后于他人。

一家公司由于经营得当,需要扩大业务,于是便想在另外一个城市开拓新市场。公司高层决定新市场的销售经理将会从公司内部的两位销售经理之中进行选拔,于是便要求两个人各自回去准备一套市场方案,阐述自己对市场开发的各种计划。

这两个经理在平时就是互相竞争的对手,当他们得知新市场的经理将从他们两个人之中产生的时候,两个人都很兴奋,都想要争取到这个职位。经理甲是一个比较守旧的人，做事情总是唯领导是从。在他的心中，多一事永远不如少一事，所有的事情都按照领导的要求办理。办好了，他可以顺便邀功，如果办砸了，他也有足够的理由推卸责任。对待下属，他从不允许擅自改变领导传达的意见，更别说按照自己的想法做事情了。在他的部门里，虽然没有多少错误，但也没有多少突出的业绩。

经理乙则完全不同，虽然他进入公司的时间不长，但每当公司领导下达任务给他的时候，他总是仔细地研究，并且愿意和自己的下属一同讨论。他这么做的目的只有一个，就是力求用最快、最好的方法将问题解决。在他的带领下，他的下属做起事情来风风火火，虽然偶尔也会出现一些失误，但很快就会被弥补回来。

两个经理的提案上交到了公司高层之后，高层很快便决定派经理乙去担任新地区的负责人。经理甲不服气，来到总经理的办公室，说自己来公司的时间比乙长，工作一直听从领导的安排，凭什么不让自己去？

总经理没有说话，只是给他看了一下乙的方案。在这份方案里，经理乙详细地说明了自己会如何开发新的市场。更为难得的是，经理乙全面分析了公司扩大生产规模所产生的有利和不利的影响，整个方案条理清晰、井井有条。经理甲想到了自己提出的方案，虽然表面上看起来也是像模像样，但整个方案基本上没有提到具体的行动方案，总是有一种唯领导是从的感觉在其中。

在我们的身边，很多人都抱有经理甲的思想，觉得自己就是干活的，只要按照领导的指示做完就好。如果他们能够把干活的思想换成工作的思想，那将是一个巨大的转变。因为工作是需要带着脑子思考的，而干活就只需要听从老板的指示，对于超出指示范围的事情，他们则认为不是自己应该做的事。

人生最大的挑战不是殊死一搏，而是主动请缨，因为这是证明自己最好的方法，对于一个陌生的机会和领域，哪怕失败了，你也会在失败中学习到很多，并为下次的努力积蓄力量。

很多事情，成功与失败往往只差一步，凡事肯比别人多想一点的人才会有更多的机会去实现自己的梦想，才会有更多的机会去奋斗。

两个好朋友一起去找工作，试用期的工作内容很简单，就是按照厨师长的要求去菜市场购买相应的材料。可是在试用期过后，甲留了下来，而乙却不得不重新找工作。

乙心里很不服气，觉得自己每天都尽心尽力地工作，从来也不偷懒，于是便找到经理质问原因，经理听完他的抱怨后，便随口问了他几个问题："厨房采购量最大的蔬菜是什么？主厨最喜欢做的菜是什么？"

乙听完后有点儿发懵，心想：我只是负责采购的，怎么能知道那么多？看着有点儿不知所措的乙，经理又说："你等会儿看看甲是怎么回答的吧。"

不一会儿，甲快速地来到了经理室，在经理问了甲同样的问题之后，甲迅速地回答道："厨房采购量最大的蔬菜是××，主厨最擅长做的菜是××，饭店最畅销的菜是××……"

这个时候，经理把乙叫了出来，说："这下你知道原因了吧。"

在我们的工作之中，仅仅做好自己的本职工作是远远不够的。当一个人主动请缨的时候，最容易看清楚他的责任心。虽然在现代社会中，企业分工越来越明细，每一名员工的工作内容也是比较确定的，不一定会有多出来的部分让我们去做，但如果我们能够主动请缨，那么领导将会看到我们对工作负责的态度和敬业精神。

如果我们是一个销售人员，在把产品卖给客户之后，我们还要询问客户产品在使用中是否出现了问题并表示能够及时为客户解决；如果我们是一名货运管理员，除了要确保货物及时送达之外，还要细心地检查发货清单上是否有错误，从而避免发货、收货双方不必要的损失……

如果我们能够主动请缨去承担相应的责任，那么我们还用担心自己比别人晚一步吗？

◎ 高效执行，以快制胜 ◎

当今社会，更多的人认为这是一个快鱼吃慢鱼的时代。无论是企业还是个人，如果反应迟钝、做事拖延，那么最后只能被社会和市场淘汰。

《孙子兵法·军争篇》有云："疾如风、侵如火，才是制胜之道。"其实这句话表明了一个很浅显的道理，如果一个人过于懒惰的话，那将会严重拖累他的工作效率，束缚他的执行力，最终夺走他取胜的机遇，让他变成一个碌碌无为的人。每个人都希望自己在执行一件晚的时候能够高效而迅速，但是"拖延"这个坏习惯往往成了我们最大的敌人。如果一件用 10 分钟能够解决的事情非要拖上一个小时才去做，本来一个小时能够完成的工作非要拖上半天才去行动的话，那这样的执行力注定是要被淘汰的。习惯拖延的人也注定只能追逐成功者的背影了。

很多人都听说过这样一个故事：把信送给加西亚。

1898 年，古巴人民为了争取自由，同西班牙殖民者展开了一场艰苦卓绝的斗争。古巴虽小，但是牵扯到了美国的利益，于是美国便派了一艘军舰密切地关注着这场斗争的形势变化。

令美国人没有想到的是，西班牙人把美国的这艘军舰给击沉了。这一下彻底激怒了美国人，为了和古巴人合作赶走西班牙人，美国总统麦金莱写了一封密信，需要派人把它交到古巴起义军首领加西亚将军手中。那么谁能完成这一重大任务呢？当时的美国军事情报局局长瓦格纳向总统推荐：安德鲁·罗文中尉可以胜任。

于是，美国总统便召见了这个并不起眼的中尉。见到这个中尉的时候，总统只说了一句："把信交给加西亚。"罗文接到这个任务的时候，没人知道加西亚将军在什么地方。他什么话也没有说，只拿起信件，并把它装进了口袋中，然后转身走了出去。

罗文用了4天的时间从水路秘密潜入到了古巴岛，进入到了茂密的丛林之中。历经了3个多星期的努力寻找，这位勇敢的中尉徒步整个古巴，终于找到了加西亚将军。对于这段历程，他后来只是轻描淡写地说："只是遇到了一些小的障碍而已。"

过了一段时间，当罗文再次见到总统的时候，已经把加西亚将军的回信带回来了。罗文不仅出色地完成了总统交给他的任务，而且带回了重要的情报。随后，罗文的事迹在军队中得到了广泛的传播，同时他也成了众人学习的榜样。

当罗文接到任务的时候，完全不知道加西亚在哪里，甚至连加西亚是谁都不是很清楚。但是他却没有寻找任何理由去耽搁哪怕一秒钟的时间，因为只有快速出击才有可能获得胜利，罗文没有问怎么样才能找到加西亚，没有问到古巴有谁会来接应他，更没有问这个任务有没有危险，他只是在接到任务之后不去浪费一分一秒的时间。

一往无前地去做，绝不拖沓，这才是一个成功人士所拥有的素质。

在我们的工作和生活中，所有的人都应该要求自己像一个军人一样，面对任务和机遇时要立即去行动，没有任何问题，也没有任何借口。速度就是最好的战斗力，任何机遇都是稍纵即逝的，它不像公交车，我们错过了一辆还会有另外一辆。对待同一件事情，如果晚了哪怕几秒钟，结果很有可能就谬以千里了。所以，我们不要把时间浪费在那些无用的问题上，而是应该立即去执行，放手去做。

万达集团现如今在全国各地"遍地开花"，而这种业绩的取得就是执行了这种以快制胜的商业思路。2010年底，万达集团斥资20亿元开发建设的六星级三亚海棠湾康莱德酒店、五星级万达三亚海棠湾希尔顿逸林度假酒店双双开业。这一年的最后两个月，万达集团就在广州、福州、合肥等地开出了6座广场。至此，万达集团当年的扩张也宣告完美收官。

这一年，万达集团的扩张步伐让人咋舌：开了15座万达广场、7家五星级酒店，这种速度简直成了业内的奇迹。

对于这种迅速的扩张，万达集团董事长王健林表示："现在就是快鱼吃慢鱼的时代，'快'是我们的竞争力，因为快的效益要大于慢的效益，这是公司在十几年的实战中提炼出来的宝贵经验。在万达集团，每个人都在自己熟悉的领域演练成长，都在快速地发挥自己的执行力。"

对于外界的质疑，王健林谈到万达的速度时显得十分自信。他算了一笔账，假设一个万达广场投资20亿元，若贷款五成，早开业一年就能早有一两个亿的利润进账，而推迟开业一年，财务上就需要多出一块很大的利息支出。他说："快，不仅能缩短建设期，采购成本也能节省很多。"

一个公司的战略方案被拖延，很可能会对公司在以后的竞争中产生不利的影响；一个人的目标被拖延，很可能会使得自己丧失宝贵的机遇，从而与成功擦肩而过。有速度才能有效率，有速度才会有执行力。如果落在任务的后面，那么失败的阴影将时刻笼罩在我们周围。所以，我们要想实现自己的目标，有一个敌人是必须要打败的，那就是拖延。

我们一旦确定了目标，就应该立即去执行，而不是去找借口和理由来拖延。因为当我们浪费时间去寻找借口和理由的时候，就已经在无形中加大了成功的难度。所以，从现在开始，不要去感叹世界的不公平，也不要抱怨自己的才华没有施展之地，更不要让我们的宝贵时间浪费在寻找理由的过程中。更为可怕的是，当我们错过月亮的时候，自己却浑然不知，仍然不知道及时出击的重要性，于是我们又错过了星星。

第十一章 / 永不放弃的态度
最初的梦想终将实现

> 梦想是支撑我们在平凡世界中屹立不倒的力量。最初,我们所拥有的只是梦想,以及毫无根据的自信,那么,所有的一切就从这里出发。虽然有太多的理由让我们到达不了梦想的彼岸,太多的声音要我们放弃追逐的脚步,但只要永不放弃,梦想将会在不远处实现。

◎ 因为一无所有,所以勇往直前 ◎

当迷失在沙漠中的旅人喝掉了皮囊里的最后一滴水时,他会作出怎样的选择?当一个人不小心掉进了水里,他会做出怎样的举动?当一个研究者历尽辛劳却最终得出一个错误的研究结论时,他又该如何取舍?曾有人问过一个坐拥百万家产的富豪,在他一无所有的时候,他凭借着什么走到现在?富豪严肃地说:"虽然在别人看来,我一无所有,但我知道,我还拥有勇往直前的信念。"

生活是美好的,但生活也是残酷的。暴风雨总是在不期而遇中出现,困难和挫折也许比我们想象的要多很多。在这些看似难以逾越的障碍面前,勇往直前便是我们最佳的行动。在我们的身边总会有这样的人,尽管他们失去了所有的财产，但凭借着他们永不屈服的精神和勇往直前的执着，最终使他们取得了更大的成就。

有两只觅食的青蛙一不小心掉进了一个牛奶罐中，罐中的牛奶虽然不多，但却足以置两只青蛙于万劫不复的境地。

一只青蛙看着高高的牛奶罐，心想："完了，全完了，这么高的一只牛奶罐啊，我是永远也出不去了。"于是，它很快就沉了下去。

另外一只青蛙看到沉没在牛奶中的同伴，它不断地告诫自己："我拥有发达的肌肉，一定能跳出这个地方。"于是，它用尽自己全部的力气，一次次地奋起，一次次地跳跃……

不知道过了多久，顽强的青蛙突然发现脚下黏稠的牛奶逐渐变得坚实起来。原来，在它不断跳跃的过程中，经过反复地踩踏和跳动，已经把液状的牛奶变成了奶酪。最终，青蛙经过自己不懈的努力重获了自由，它跳回了绿色的池塘，而它的伙伴却永远地留在了那块奶酪中。

对于任何人来说，一时的失败只是一个过程，而非结果；一时的失败只是一个需要经历的阶段，而非全部的过程。在危机中，外界给我们的压力从来不是最可怕的，可怕的是我们应对危机过程中的麻木不仁和茫然无知。

当危机席卷而来时，残酷的事实让我们变得一无所有，我们也就没有了最后的犹豫和固有的陈规，只有勇往直前才是我们唯一的选择。一个成功的人，其最明显的特质就是拥有坚定不移的意志力，不管外界的境况变化成什么样子，他的初衷和希望是不会改变的，这种不变的信念是支撑他克服障碍、走向成功的不竭动力。

一个人在一无所有之时，往往也是其最具爆发力的时候；当一件事走到绝地的时候，往往也是最具有转机的时候。当我们把一无所有看作做一种优势，而不是劣势的时候，我们距离成功也就更近了一些。当我们在困难面前勇往直前的时候，便能更加接近成功。

在一个航海学校，几位年轻人问一个在大海上与风浪搏击了一辈子的老船长："如果你的船行驶在海面上，通过气象报告，预知前方海面有一个巨大的暴风圈正迎着你的船而来，请问，以你的经验，你将会如何处置呢？"

老船长微笑着反问了一句："如果换作你们，你们又会如何处置呢？"

一个年轻人信心满满地说："我会选择返航，将船头掉转180度，远离暴风圈。这样应该是最安全的方法吧？"

老船长摇了摇头："不行，当你掉头返航时，暴风圈还是会迎向你的船。你这么做，反而使你的船与暴风圈接触的时间延长了许多，这是非常危险的。"

另外一个年轻人说："那如果我将船的航线向左或者向右转90度，努力脱离暴风圈的威胁就可以了吧？"

老船长依然摇摇头，接着说："这样做还是不行，如果这样做，将会使船身整个侧面暴露在暴风雨的肆虐之下，增加与暴风圈接触的面积，结果也是更加危险。"

众人开始不解了，问道："如果这些方法都不行，那么究竟应该怎么做呢？"

老船长这才语重心长地说："此时只有一个方法，那就是抓稳你的舵轮，让你的船头不偏不倚地迎向暴风圈。唯有这样做，你才可以把船体与暴风圈接触的面积化为最小，同时，你的船与暴风圈彼此的相对速度组合在一起，还可以减少与暴风圈接触的时间。最为重要的是，当你冲过暴风圈的时候，迎接你的是另一片充满阳光的蔚蓝晴空。"

如果说人生就是一场旅行，那么海面上的暴风雨就是我们遇到的绝境。在我们一无所有的时候，勇往直前是唯一也是最明智的选择。这种貌似不讲道理的做法其实蕴含着莫大的人生智慧。

一帆风顺只是存在于人们的祝福之中，风雨无阻才是一个人应有的人生态度。一个真正的强者永远不会去计较自己失去了什么，他在乎的只是自己还有什么。一个拥有坚定信念的人，他的人生就是最富足的。

在我们的人生路上，所谓的失败，所谓的一无所有，其实都是自己产生的一种悲观失望的情绪在作祟。在连续的失败之后，有人选择了听天由命、悲观消极，有人选择继续奋斗，最终成就大业。

在成功的道路上，我们看到的是鲜花而不是荆棘；在成功的人面前，我们看到的是现在的富足而不是当初的一无所有。作为一个渴望成功的人来说，内心的信念才是最值得自己骄傲的资本。当我们一次又一次地从失败中站立起来，当我们一次又一次两手空空地去拼搏时，我们就是胜利者，一个勇敢的胜利者。

◎ 不抛弃理想，不放弃努力 ◎

坚持是一种品质，是一种发自内心的信念；坚持是一种勇气的体现，更是获得成功的一种必备方式。所谓成功，在很大程度上就是把简单的事情一直坚持下去；所谓梦想成真，其实就是抓住自己的理想一直不放手的结果。

坚持这两个字不仅仅代表着一种力量，更是一种精神和希望。我们要想做到不抛弃、不放弃很难，却也很容易。

对于任何一个人来讲，没有人能够迫使我们放弃自己的理想，因为它植根于我们心中。没有人能迫使我们屈服，只要我们还能够行动，依然可以为自己的梦想而奋斗。很多人总会给自己找各种各样放弃的理由，其实最根本的原因就是自己放弃了自己。

在我们很小的时候，都有着这样或者那样的梦想，有人牢牢记住了，并且为之而奋斗。有人却当成儿时的笑话，一笑而过。放弃，意味着对自己的不负责任。坚持，意味你比别人承担得更多。

有一天，当我们回望自己的一生时，是不是会感到遗憾呢？很多人在年老的时候总是会说：如果当初我能坚持下来……人生不是游戏，永远没有重来的机会，我们要想成为人生最后的赢家，只有一条路可以走：不抛弃理想，不放弃努力。

一位教师在退休后整理自己的旧物时，发现了一沓作文本，原来是他在50年前所教授的一批学生留下的，作文本上统一写着一个标题叫《未来的我是……》。

教师用颤抖的双手翻开作文本，很快便被里面千奇百怪的自我设想打动了，有的说未来的自己是天文科学家，并将人类带向了外太空；有的说未来的自己是一位海军将军，能统领几千艘战舰；有的说自己将来会成为一名商人，比陶朱公更富有……能看出，虽然孩子们的想法很单纯幼稚，但大家都在仔细认真地设想自己的未来，他们用五颜六色的彩笔将自己的理想涂鸦在了作文本上。

那么，如今的他们是否实现了自己的梦想呢？退休教师突发奇想：为什么不把他们的理想还给他们呢？至少也要让他们看看自己是否实现了50年前的梦想。

于是，退休教师将这一想法告诉了自己在报社工作的儿子，第二天报纸上就刊登出一则启事。没过几天，人们打电话、发邮件，通过各种途径联系上了自己的老师，希望得到属于自己的作文本。而教师在交还作文本的时候也知道了学生们的身份，当年想成为舞蹈家的学生在家相夫教子，想成为科学家的学生却当起了平凡的教师，想飞向外太空的学生仍然在过自己平凡的日子……

只有一个人，在很久之后才给老师去了一封信，信中说："我就是当年那个要成为陶朱公的人，而我也自认为实现了自己的梦想。我之所以给您写信并不是想要回那个本子，因为它对我来说已经没有任何意义了。我只是要感谢您还保留着我的梦想，其实从那天开始，这个梦想就一直在我的心里从未改变。50年过去了，我已富可敌国，而且像陶朱公一样不惜散尽家财。今天，我想告诉更多的年轻人，只要坚持，不要让自己年轻时的美丽梦想随风飘逝，总有一天它会变成现实。"

人生的价值需要岁月的磨炼，但一个人最终能否按照自己的意愿实现自己的最大价值，依靠的不仅仅是才能、智慧和勇气，更需要的是坚持。从你树立起梦想的那一天起，坚持并为之奋斗，那么总有一天你将会获得成功。

在我们的现实生活中，通往理想的路不可能是一帆风顺的，要想取得成功，就要脚踏实地、持之以恒地奋斗下去。不管风云如何变幻，我们都要坚定不移地走自己的路，向梦想前进。只有这样，我们才能将不可能变成一种可能，最终赢得人生大奖。

◎ 贪图安逸只会让人停滞不前 ◎

　　如果把人生比作一场旅行的话，那无常的风雨将是我们不可避免的风景。每个人都希望过着安逸的生活，但是如果只是贪图一个地方的明媚阳光，那么我们将永远也不会到达自己最终的目的地。

　　每个人都曾为了自己的某一个目标努力奋斗过、付出过，但是又有多少人能坚持到最后呢？一些人看到路边的风景就停下了脚步，一些人在洗去暂时的疲惫后就躺下睡觉，只有那些坚定自己方向的人才会不断地前行。

　　安逸就像毒品，给人压力和困难不是摧毁一个人的最佳利器，给其安逸的生活才是消磨一个人斗志和才华的不二法门。

　　"马行软地易失蹄，人贪安逸易失志。"在生物界，熊猫和北极熊来自同一个祖先，熊猫选择了温带地区，优越的环境让它退出了竞争机制，从不吃肉到吃草再到吃竹子，最后濒临灭绝；而北极熊选择了寒带地区，恶劣的环境使它的生性变得越来越凶猛，体魄变得越来越强大。人生也是如此，一个奋斗者的幸福是从痛苦开始的，享乐者的痛苦是从幸福开始的。如果一个人把安逸当成幸福的花朵，那么等到它结果的时节，就只能对着空枝叹息。

　　很多人都听说过温水煮青蛙的实验。美国康奈尔大学的研究者把一只活蹦乱跳的青蛙扔进一个沸腾的大水锅里，这只青蛙刚刚触碰到热水就迅速地跳了出去。

　　接下来，实验人员准备了一锅凉水，然后把这只青蛙扔了进去，这次青蛙在里面自由自在地游动着，实验人员开始用小火慢慢加热。

这只青蛙开始还在锅里自由地游动着，非常欢实。随着水温的不断增高，这只青蛙不但没有感觉不适，仍然还是游来游去的。当温度增高到一定程度时，青蛙开始变得越来越虚弱，但是丝毫没有想要跳出去的意思。慢慢地，青蛙终于无法动弹了，最后竟在水锅里被活活煮熟了。

其实，很多人也面临着类似的境遇。很多刚毕业的年轻人都会信心满满地做着各种各样的规划，他们有着远大的人生理想和抱负。可是没有过多久，他们便丧失了奋斗的激情。他们虽然拥有足够的时间和精力，但已经没有了当初的雄心壮志。得过且过、及时行乐成为他们口中的标签。于是，一个又一个才华横溢的人沦落了，到了年老的时候他们才悔恨不已。

贪图暂时安逸和稳定的人是不愿尝试新东西、害怕接受新考验的。他们只会止步不前，不愿动弹。他们不是没有机会，不是没有能力，而是缺乏强烈的成功意愿和为之付出努力的决心。于是，他们便安于现状，小成则安，小富则满。

每个人都渴望成功，成功的条件有很多：资金、人力、环境……但首要条件是要有主动、强烈的成功意愿。敢想，才能催生敢干，然后催生成功。

有个人死后，他的灵魂来到一个大门前。进门的时候，门前的守卫对他说："你喜欢吃吗？这里有的是精美食物。你喜欢睡吗？在这里想睡多久就睡多久。你喜欢玩吗？这里的娱乐任你选择。你讨厌工作吗？这里保证你无事可做，没有管束。"这个人听到这样的话，自然十分欢喜，于是他很高兴地留下来，吃完就睡，睡够就玩，边玩边吃。

3个月下来，他渐渐觉得没有意思，于是便问守卫："这种日子过久了，也不是很好。玩得太多，我已提不起什么兴趣；吃得太饱，使我不断发胖；睡得太久，使我头脑变得迟钝。您能给我一份工作吗？"

守卫答道："对不起！这里不提供任何工作。"

就这样又过了3个月，这人实在忍不住了，就又跑到门口对守卫说："这种日子我实在没法忍受，如果没有工作，我宁愿下地狱！赶紧放我出去吧！"

守卫带着讥笑的口气道："这里本来就是地狱！你以为这里是极乐世界吗？在这里，你没有理想、没有创造、没有前途、没有激情，你会失去活下去的信心。这种心灵上的煎熬，更甚于上刀山下油锅的皮肉之苦，这才是最严酷的惩罚！"

虽然这只是一个寓言故事，但它却从另外一个侧面告诉了我们：过度安逸的生活其实就是地狱。当一个人的智慧和能力都逐渐消磨殆尽的时候，后悔已经来不及了。

大海没有波涛，无以见其雄伟；人生没有波涛，只见其平庸而已。生活需要一些磨炼，需要一些竞争。我们应当感激生活对我们的磨炼，因为磨炼成就我们前进的动力。有人说过，顺境有时就是逆境，如果在成功面前，我们不懂得如何理性地限制和驾驭它，就会陷入一种比压力来临时更糟的境地，它会在不知不觉中消磨我们的战斗力。

所以，一个人活在世间若没有进取心，其处境就像温水中的青蛙一样，虽然表面上生活无忧、舒适悠闲，但是在不远的未来却潜伏着巨大的生存危机。

人的一生很短也很长，一定要经得起安逸的诱惑。每个人都向往安逸的生活，经过长途跋涉后，短暂的安逸生活可以使我们得到休息和宁静。但是长期的安逸却会磨灭我们的理想、摧毁我们的斗志，最终毁掉我们的一生。一开始就选择享受的人和一开始就执着千锤百炼的人，后者才会成就美好的一生。

◎ 脚踏实地，一步步建造你的理想王国 ◎

人有抱负是一件好事，但若总是企图能够一步登天却是不可取的。当我们能够脚踏实地的时候，就可以寻找到机会全面地展现自己的才华，一步一步地建造自己的理想王国。

当我们不被人重视和默默无闻的时候，反而是一件好事，因为这正是你脚踏实地、接近问题实质的大好时机，在这期间你将发现很多意想不到的机会。

现代社会中，当一个人脚踏实地的时候，总会遭到一些人的嘲笑。这些所谓的聪明人其实忘记了一件最基本的事情，那就是过程。很多的聪明人都希望自己能一步登天，觉得脚踏实地是愚笨者的表现。但事实上，只有脚踏实地的人才能够一步一个脚印地走向成功。

维斯卡亚公司是20世纪80年代美国的一家著名的机械制造公司，很多机械专业的大学生毕业之后最大的梦想就是去这家公司上班。这家公司能够提供的待遇和发展空间吸引着一批又一批的求职者，但绝大部分的求职者面临的都是被拒绝的命运。

史蒂芬是哈佛大学机械制造专业的毕业生，在申请这家公司职位的时候，由于没有工作经验，他的简历被拒绝了。但是史蒂芬没有死心，他暗自发誓一定要进入这家看似高不可攀的公司。于是，他采取了一个特殊的策略，那就是从最低的职位开始做起。

他先找到了该公司的人事部，提出自己愿意免费为该公司提供无偿的劳动力,希望公司能够派给他任何工作,而这一切都是不计报酬的。人事部经理起初觉得这是一件不可思议的事情,但考虑到不用支付人工成本,于是便派他去打扫车间里的废铁屑。

一年的时间里,史蒂芬勤勤恳恳地在车间里重复着这种简单但是很劳累的工作。为了维持生计,每天下班之后,他还要去酒吧打工。这样,他虽然得到了老板和同事们的好感,但谁也没有提及录用他的事情。

一年之后,公司的一些订单被退回了,理由都是因为产品的质量问题。这对于一家机械制造公司而言无疑是一种致命的打击。为了挽回公司的声誉,公司董事会紧急召开会议来商议对策。当会议进行大半还没有进展的时候,史蒂芬突然闯进了会议室,提出要见总经理。

在公司的高层面前,史蒂芬就产生问题的根源作出了细致而深入的分析,他还就工程技术上的问题提出了自己的看法,并且拿出了自己对产品的改进设计图。众人对这位编外的清洁工的做法感到十分吃惊,在询问了他的背景和专业知识之后,史蒂芬当即被聘用为公司负责生产技术问题的总经理。

原来,史蒂芬在做清扫的时候,利用可以到处走动的机会细心观察了整个公司各个部门的生产情况,并且一一做了详细的记录,他发现了其中的问题并想到了解决问题的办法。史蒂芬花了将近一年的时间做设计,并以大量的统计数据为基础,自然具有极强的可操作性。

史蒂芬的成功绝对不是偶然,他肯放低自己的身段从最简单的清洁工做起,就表明了他愿意脚踏实地干活的态度。万丈的高楼是一层一层地建造起来的,华丽的罗马城也是一点点地发展而来。所以,我们做事一定要有一颗脚踏实地的心,切忌心浮气躁、急功近利。

无论道路多么漫长,如果你肯一直走下去的话,终会有走完的那一天。

梦想也是如此，无论你的理想王国在他人看来有多么的遥不可及，只要你肯脚踏实地地去做，终究会建成。

平庸的人放弃梦想，怯懦的人畏惧梦想，只有那些意志坚定的人才能走到最后。面对自己的梦想，只要你肯迈出第一步，那么距离成功也就不远了。

梦想可以是基础，可以是动力，它同样也是引导你成功的路标，但是如果你不肯脚踏实地地去执行，那所有的梦想都是一种空谈。

1958年，李嘉诚开始从塑胶行业转向地产业，这是一个大胆的举动，因为李嘉诚从来没有过经营地产的经验。但是李嘉诚通过自己的调研，认定了房地产行业的光明前景。

在李嘉诚涉足地产行业之前，他做过深入的研究与调查。他敏锐地感觉到，香港地少人多，房地产行业将来一定会大有前途。

当时的香港地产界有一种普遍的做法，那就是卖楼花。卖楼花是霍英东的首创，他突破了地产商整幢售房或据以出租的传统做法，而是在大楼尚未兴建之前，就将其分层分单位（单元）预售，得到预付款，即可动工兴建。卖家用买家的钱建楼，地产商还可拿地皮和未成的物业到银行按揭（抵押贷款），真可谓一石二鸟。

在霍英东之后，地产商们纷纷效仿。银行的按揭制度进一步完善，预售楼花成为当时普遍的做法。李嘉诚在进入这一行业之后，并没有遵循当时的普遍做法，而是采取了最为保守的做法，那就是出租物业来收租金。无论自己的资金多么紧张，李嘉诚宁可少建或者不建也不用楼花来加快建房的速度。这样一来，资金回笼的速度就比较慢了，但他这种经营方式却成功规避了过多依赖银行的风险。

收租物业，虽然不能像发展物业（建楼卖楼）那样牟取暴利，但却有稳定的租金收入。物业增值，时间愈往后移，愈能显现出来。李嘉诚的预测是正确的，这样稳定的收租方式避免了房地产的大起大落。

　　李嘉诚是一代巨商，在他的经商理念中，从来就没有速成这一说法。凭借着一步一个坚实的脚印的经商手段，李嘉诚最终成了华人商界的领袖级人物。

　　每个人都有自己的理想，要想实现自己的理想，就必须要脚踏实地。能够接触土地的人才能感受到坚实的力量。学习是一个循序渐进的过程，成功同样也是如此。我们只有先把基础打牢，才能一步一步地接近梦想。否则，任何投机取巧的做法到最后都只能是自取其辱。对于有梦想的人而言，道路是漫长的，在我们实现梦想的过程中会出现挫折，于是害怕困难的人退却了；出现诱惑，意志不坚定的人便选择了另外一条路；出现压力，失败的人从此一蹶不振……道路只能依靠双脚一步一步地走，在我们遇到困难的时候，梦想会给我们力量，因为梦想是永恒的动力。

　　每一个人在确定梦想的时候，都会有忐忑不安的心情，谁也不知道自己的能力能够发挥到什么样的地步，自己取得出什么样的成就。但是，人都是有惰性的，平庸的人总爱抱怨命运的不公平，他们忘记了造成这种现状的最根本原因就是好高骛远。

◎ 追求成功，你的"油箱"加满了吗 ◎

　　决定汽车能够行驶多远的不是发动机的好坏，而是油箱里存储了多少汽油；决定一座大楼能够建多高的不是砖瓦的多少，而是地基的深浅。同样的道理，决定一个人能够取得多大成就的关键在于给自己加了多少的油。

很多人都在抱怨，抱怨上天不给自己实现理想和抱负的机会。我们扪心自问，当机会真的来临的时候，我们有足够的能力去把握和实现吗？所有人都知道，机会最青睐于做好充分准备的人，但又有多少人肯每天认认真真地去准备呢？

我们都有自己的梦想，有些人的梦想很伟大，有些人的梦想很平庸，可是无论怎样，梦想都是一个支撑我们不断走下去的重要动力。要想实现自己的梦想，追求自己想要的生活，只需要一个前提——给自己"加满油"。

如果一个人没有学会走路就想跑步，没有学会写字就想舞文弄墨，我们常常会嘲笑他不自量力。可是在现实生活中，这种事情却在我们的身边时有发生。所以说，要想让自己变得有竞争力，最要紧的就是给自己"加满油"。

对于学习的重要性，管理大师彼得·德鲁克说："知识生产力已经成为企业生产力、竞争力和经济成就的关键。知识已经成为首要产业，这种产业为经济提供必要的和重要的生产资源。"因此，学习、学习、再学习便成了企业家的日常功课，任何忽略学习的经营者都将丧失探索商业和技术新前沿的良机。

很多人觉得梦想是一件很遥远的事情。为了追求理想，很多人都不顾一切地往前冲，可是到了半路他们才发现自己已经没有了足够的动力，最后只能看着梦想距离自己越来越远。

在南方，人们都会惊叹于一种植物，那就是毛竹。它的生长过程可以称得上是自然界的一大奇观。在种植毛竹的前5年，它一般是不会生长的，到了第六年雨季来临的时候，它才会迅猛地生长。半月之间，它就能长到27米之高，成为竹林中的佼佼者。

那么在这种现象的背后究竟是什么原因呢？原来毛竹在前5年并不是没有生长，而是以向地下生长这种不为人知的方式生长着。5年艰苦的"地下工作"，一株小小毛竹的根系竟然向周围扩展了十多米，向地下延伸了近5米。这样的生长方式为毛竹5年后的长高打下了坚实的基础，所以在第六年雨季到来的时候，它便能一口气向天空发起冲刺，到达别的竹子望尘莫及的高度。

细想起来，毛竹可以比作一个追梦的人，它有着自己的目标和理想，为了心中的理想，它虔诚地修炼着自己的内功，它开始学着忍辱负重，当别的竹子都按部就班地生长的时候，它却不动声色，暗自给自己积累能量，为以后的一飞冲天做着充足的能量准备。在毛竹默默无闻的几年时间里，或许有早日出头的冲动，或许会受到其他植物的嘲弄，但这并不能阻挡毛竹向上的步伐。事实也证明了：只要根基比较牢固，向上的速度也将是最快的。

如果我们每个人都能够有毛竹一样的精神，不贪图一时的生长，时时刻刻为自己储备足够多的能量，那成功不属于我们还能属于谁呢？

一个人要想成功，除了外在的各种条件之外，内在的修为也是十分重要的。内心的强大才是真正的强大，把能量注入自己的内心，我们将变得无往不胜。生活是公平的，它在给予我们目标的时候也会吝啬给予我们成功的道路，这就需要我们自己去摸索，在这个过程中，如果我们缺乏足够的内心修为，那成功就会距离我们越来越远。

◎ 没有方向，坦途也是迷宫 ◎

轮船行驶在大海上，最重要的就是要有坚定不移的方向。人生也是如此，在很多时候，我们都会面临着各种各样的选择，无论是捷径还是坎途，只要能把握住自己前行的方向，我们就永远不会迷路。同样的道理，一个没有方向的人即使走得再远，也会迷路。

我们在行走的过程中，都不希望步入迷途，但是没有正确的方向，就容易走错路。

上中学的时候，我们学过《伤仲永》，文中的方仲永确实是一个神童，5岁的时候就能够写诗作赋。乡里乡外的人听说了这个神童的名头之后，都来争相观看。于是方仲永的父亲便扬扬得意，整天带着儿子拜见名人，炫耀儿子的才华。时间一点一滴地过去了，由于方仲永得不到正确的教育、有利的引导，而整天只是沉浸在众人的称赞中，原地踏步，终于"泯然于众人"。成年后的他，再也找不到昔日神童的影子，天才终究成了一个平庸的凡人。

仲永的父亲本应该选择良师对儿子进行好的教导，充分发挥他的天赋，远离虚荣，最终成就一番事业。可是他的父亲贪慕短期的名利，致使儿子虽拥有很高的天赋却得不到后天的培养，渐渐变得"泯然于众人"。这对于一个天才而言，无疑是一种最大的遗憾。

一个意志坚定的人不但能够始终坚持自己的目标，并且不论遇到怎么样的挫折与困难，都不能让他感到沮丧，相反，他能够以积极的心态去解决所有的磨难。不但如此，他还能够从挫折中总结经验教训，坚持不懈地向着目标前进，直至达成预定的目标。

提起现代轮船，就不得不说到一个伟大而执着的发明家，那就是富尔顿。随着蒸汽机的大量运用，富尔顿萌发了制造现代轮船的梦想。为了实现自己的梦想，他绘制了大量关于船体、机器和桨轮的设计草图，并且按照草图制造了轮船模型。但这种前无古人的设计在经历很多次失败后，依然没能成功。

执着的富尔顿并没有灰心,他始终坚信机器轮船代替传统帆船是一件必然的事情。

9年之后,他在工人的帮助下,试制了一艘小型的轮船并取得了不错的效果。没想到的是,夜里天气突变,小轮船被狂风暴雨翻卷到了河底。看到这样的状况,有些人便开始嘲笑他,并尖刻地说富尔顿"愚蠢"。

可是富尔顿并没因为这些嘲讽而放弃自己的目标,对此他只是一笑了之。他始终认真地进行研究和实验,探索着成功的途径。

经过3年的不懈努力之后,世界上第一艘轮船最终被他创制出来了,并于1807年在美国哈德河上试航,一举成功。

富尔顿的成功不仅仅在于他对目标的执着追求,更在于他的目标方向的正确性。假如说富尔顿看不到轮船的未来发展趋势,那他最终也难以坚持下去。

有人说,成功就像走钢丝、过独木桥那样让人胆战心惊。诚然,要想获得成功,并不是每个人都能通过考验,如果只是看到了危险、辛苦,就只能给自己增添不必要的负担。而那些方向明确的人则会看清楚自己的目标,一如既往地走下去。

都说在黑暗里行走是最容易迷路的,其实不然,因为当周围的一切都变得黑暗的时候,你可以把目标看得更清楚。只要看准那个方向,目标就会在黑暗中闪烁着耀眼的光芒。

如果一个人能够看清楚自己的方向,按照既定的目标坚持不懈地走下去,那么,他将会穿越荆棘,并且朝着自己的目标一如既往地前行,直到成功。

第十二章 ╱ 得失随缘的态度
懂得取舍，成就精彩人生

得失本是一件平常的事情，可是总有一些人因为患得患失将自己弄得痛苦不堪。如果说得到是付出后的回报，那放弃则是人生的另外一种境界。与其痛苦纠结，不如潇洒转身。当你调整好心态，达到得失随缘的境界之时，得与失都已经不再重要了……

◎ 放弃是另一种形式的获得 ◎

在人生的旅途中，每个人都希望自己过得自由自在，轻松上路。我们都渴望能像鸟儿一样自由自在地飞翔，但是如果把黄金系在鸟儿的翅膀上，鸟儿还能够自由地在天空飞翔吗？如果我们每个人都背负着沉重的包袱，那么我们还能走得远、走得自在吗？

人生在世，有很多东西是需要不断放弃的。在仕途中，如果你可以放弃对权力的追逐，得到的将是宁静与平和；在经商的过程中，如果你能放弃对金钱的无止境争夺，得到的将是安宁与快乐。

古人有云："无欲则刚。"这不是一句简单的说教，它是一种修养，更是一种人生智慧。如果你没有什么欲望，那么你的生活就会变得简单，负担就会变轻，人生也会变得精彩。

在红尘之中，你只要怀抱一颗平常的心，抵挡住各种诱惑，就能够自由自在地生活。很多人喜欢给自己加上无穷无尽的负荷，却不肯轻易地放下。然而在别人问起的时候，他们会美其名曰"执着"。有人执着于名，有人执着于利，有人执着于情爱，有人执着于理想。等到年华逐渐老去，回首背负在身上的压力，才会觉得空虚。

选择放弃，并不是选择失败，有时候我们执着不放的东西，也许并不是我们最需要的东西。心灵的负担往往就在拿起和放下的一念之间。当一个人五指放开的时候，也是获取心灵自由的时候。

一个年轻的妈妈正在厨房里做饭，突然从客厅里传来了自己4岁儿子惊慌的声音："妈妈，妈妈，快来呀！"

妈妈赶忙从厨房跑到了客厅，原来是自己儿子的手卡在了一个花瓶里面。花瓶的口很小，年幼的儿子痛得不停地呼叫。

看到这种情况，她试图努力地将儿子的手从花瓶里拔出来，可是无论怎么努力，就是无济于事。看着哭叫的儿子，妈妈只好找来一把小锤子，小心翼翼地将花瓶打破了。在一番努力之后，孩子的手终于得到了解放。但妈妈发现儿子的手一直紧紧地攥着不肯松开，等到妈妈把儿子的手掰开之后，发现他手里攥着不放的是一枚5分的硬币。而刚刚打碎的那个花瓶，价值3万元。

原来，淘气的儿子将几枚硬币扔到了花瓶里玩，在把它们取出来的时候，由于攥紧了拳头，花瓶的口恰好没有那么大，于是手就怎么也拔不出来了。妈妈问儿子："你怎么不把拳头松开呢？这样你就能轻松地把手从瓶子里拿出来，妈妈就不用打碎花瓶了。"

儿子回答道："妈妈，花瓶那么深，我怕自己一松手，硬币就跑了。"

在很多人看来，这是一个荒唐可笑的故事，为了一枚5分钱的硬币打碎了价值3万元的花瓶。但如果我们能静下心来好好地想想，4岁小男孩的故事其实也在我们身边上演着。我们中间有多少人就是因为抓紧5分的硬币而失去了更有价值的东西。在他们看来十分重要的东西，比如权力、金钱，等等，其实这些与快乐自在的人生相比，就如同5分硬币和3万元的区别，可是依然有很多人看不到这一点。

细细想来，人们之所以习惯抓住握在手中的"硬币"不放手，主要的原因就是害怕失去，害怕已经到手的东西从手里跑掉，害怕那些原本已经属于自己的东西突然间就没有了。人们总是固执地认为，只要能够抓住不放手，那些东西就是最有价值的。其实，当你把手松开的时候，就已经找到了人生的真谛，已经获得了一个新的人生。

一个曾经名满歌坛的歌手在事业蒸蒸日上的时候选择了退出，从公众眼前彻底地消失了。

很多年后，一位老朋友问她："从万人瞩目到默默无闻，你有心理落差吗？"

这位歌手微微一笑："当初选择离开，是因为我想让自己停下来。那个时候，各种演唱会和活动弄得我疲惫不堪，外人看到的是我光鲜的一面，却难以理解我的痛苦和无奈。在远离公众视线之后，我有了更多的时间和精力陪伴自己的家人，有了足够的时间去完成我的愿望。这不是很好吗？"

是啊，每个人都渴望自己名满天下，每个人都期待自己财富万贯，可是这些真的是我们所需要的吗？当那些沉重的东西越来越束缚住你的自由时，你还会执着于追求这些吗？我们不是哲人，有着看破一切的能力，生活在尘世之中，我们只是渴望着能有一份安宁和从容。在历经风霜雨雪之后，我们终将感悟到：真正的幸福和快乐并不是要拥有多少物质上的财富，内心容纳的思想才是我们必须要珍藏的品质。婴儿要想茁壮成长就必须经过断奶的过程，因为只有断奶之后，婴儿才能依靠自己的力量不断成长。而学会放弃，则是一种心灵上的断奶。

懂得了放弃的智慧，也就懂得了"失之东隅，收之桑榆"的真谛。所以，当我们学会适当放弃一些事物之后，方能获得内心的平静。

◎ 纠结于取舍，不如看淡得失 ◎

人最痛苦的时候莫过于患得患失。得不到的时候，拼命地去追逐，希望得到；得到的时候，拼命地去守护，希望长久；失去的时候，又耿耿于怀。如果我们能够在得失面前做到宠辱不惊，保持心灵的那份宁静，我们的生活就不会那么劳累。

当我们的内心被得失的感觉充斥的时候，往往会迷失自己，从而失去自己应有的快乐。人生在世，本来就是一个不断得失的过程，如果我们足够豁达，就会知道，失去不是人生的本质。因为在生命消逝的最后时刻，我们所拥有的一切都将失去。都说世事无常，没有一样东西我们能够长久地去占有，既然是这样，那我们又何必患得患失，在挣扎中困惑不已？如果能将得失看淡，回到自己安然平静的日子，那我们的生活将会更加美丽。

在南方一个古老的小镇上有一个铁匠铺，铺子里只有一位老铁匠。铁匠就依靠着打制一些锄头、斧头为生。这是一种古老的经营方式，他每天坐在铺子门前，货物就摆在门外，他既不吆喝，也不还价，晚上基本上也不收摊。无论什么时候从铁匠铺门前经过，都能看到他闲适地躺在竹椅之上，眼睛微闭，手里拿着一台陈旧的半导体收音机，身边放着一把紫砂壶。虽然他每天的收入不多，但足够他喝茶和吃饭。他觉得自己年纪已经很大了，目前的生活悠闲而惬意，他对自己目前的生活状态十分满意。

一天，一个路过的古董商人从老街经过的时候，偶然间看到了老铁匠身旁的那把紫砂壶。职业的敏感让商人不自觉地停下了脚步。在经过仔细地观察之后，商人断定这是一把稀世的名壶。商人走过了很多的国家和地区，而这种类型的紫砂壶他还是第一次见到。商人心中大喜，立即想以15万元的价格买下那把茶壶。

当老铁匠听到这个数字的时候，起初大吃一惊，随后又拒绝了。因为他觉得这把壶是祖祖辈辈传下来的，几代人打铁时都是喝这把茶壶泡出的茶水，不能这么轻易地就卖掉。

商人走后，老铁匠几十年来第一次失眠了，也第一次将铁匠铺的门早早关闭了。他躺在床上，看着那把他用了将近60年的茶壶，久久不能入睡。他一直认为这只是一把普通的茶壶，而现在竟然有人要以15万元的价格买下它，这让他一下子慌了神。

过去他躺在椅子上喝水，都是闭上眼把茶壶放在小桌子上。现在不同了，每次喝茶的时候他都要坐起来看看，生怕出一点儿闪失。特别不能让他容忍的是，当周围的人知道他有一把价值连城的茶壶时，很多人便蜂拥而来，有的打探他还有没有其他的宝贝，有的甚至开始找他借钱，还有人上门来让他做投资。老铁匠的生活被彻底打乱了，他陷入了不知所措的境地。

当那位商人带着20万元的现金再次来到铁匠铺的时候，老铁匠终于再也坐不住了。他召集了自己的亲戚和邻居，当着众人的面，用斧头打碎了那把现在已经价值20万元的茶壶。在众人的惊愕中，老铁匠缓缓地说："我年纪已经很大了，我只想过几天平静的生活。"

现在的老铁匠依然每天躺在躺椅上悠闲地听着收音机，只不过是那把紫砂壶的位置上换成了一把廉价的瓷壶。

对于一个想要享受生活的人来讲，任何身外之物都是多余的，无论是金钱还是权力。因为那些东西并不一定能给你带来真正的快乐。就像那个老铁匠一样，房子再大，适合睡觉的却只是那张硬板床。紫砂壶再名贵，对他来说也只是一个喝水容器。锦衣玉食对他来说或许只是一种累赘，在他看来，布衣粗茶才是最舒适的，白粥咸菜才是人间美味。

如果我们每个人都能像老铁匠一样，将那些患得患失的事情勇敢地从眼前除去，那么我们的心灵将会更加自由。

取舍得失其实只是人生的常态，如果总是纠结于这种事情，我们的心灵将会疲惫不堪。如果能够看淡这些得失，就能够享受一个幸福的人生。当你失去一件物品的时候，这其实并没有什么，但很多人却总是执着于那种失去的遗憾，既然已经失去了，耿耿于怀、纠缠不已只是对自己的一种摧残。因为没有刻意地追求，就不会有失去的沉重和伤感。

◎ 潇洒离开，不带走一片云彩 ◎

有人说，最能够折磨人的事情就是感情。多少的痴男怨女在感情逝去的时候却还在无尽无休地折磨自己。他们在日复一日的纠结中走不出感情的迷局，直到年华逝去的时候才后悔不已。

其实，不单单是感情，很多的事情都是同样的道理。是海阔天空还是无果的纠结，往往只在你转身的瞬间。不是所有的感情都能够有一份好的收获，不是所有的努力都能有被承认的结果，当你付出了那么多，收获却是两手空空的时候，你又当如何？是自怨自艾、抱怨不停，还是潇洒地转身，寻求新的机遇？有些逝去的东西已经不可追回，在角落里苦苦折磨着自己又有什么意义？不如放手让逝去的东西远走，至少还能够让世界看到你潇洒的背影。

世界上没有永不凋谢的花朵，没有永不改变的事物，缘尽缘散都是再平常不过的。如果失去了，不如调整好自己的心态，展现出豁达的胸襟，敢于面对这种现实。如果走不出"失去"的阴影，那你也将永远无法体味"得到"的快乐。

小青是一个很痴情的女孩子，在大学里与她的初恋男友相遇。就像很多校园故事里说的那样，两个人在一起牵手了4年的时间。在毕业的时候，两个人因为地域的选择不同而产生了矛盾，这段4年的感情也出现了一些裂痕。不久之后，小青的男友有了新欢，小青一下子控制不住自己的情绪，怎么也走不出失恋的阴影。曾经乖巧的小青开始折磨自己，甚至学会喝酒、抽烟。在她心里，那道伤疤是永远难以磨灭的苦痛。

半年之后的一天，小青出差到了前男友所在的那个城市。不凑巧的是，遇到了搂着新欢的他。从前男友不屑的眼光中，小青仿佛看到了自己脸色蜡黄、没精打采的样子。此时此刻，小青突然感悟到：自己折磨自己只是给别人增添笑料罢了，自己失去了自尊，失去了活力，却不能对他有任何的影响。

回到了自己所在的城市，小青仿佛变了一个人一样，那个充满自信和活力的她又回来了。她知道如果还用这段已经逝去的感情折磨自己的话，那将会让自己陷入一个无穷无尽的痛苦的深渊。如果连自己都不爱惜自己的话，那还能指望谁来爱自己呢？小青本来就是一个很漂亮的女孩，在心里起了变化之后，很快就恢复了明媚的模样，因为在她的心里已经真正地将那段情感放弃了。

3年后的同学聚会，小青带着自己的白马王子赴约了。现在的男友温柔体贴、踏实肯干，双方家长对他俩都很满意，已经在谈婚论嫁了，小青觉得自己找对了人。在聚会上，她再次见到了前男友，他已经恢复到单身的状态了，原来他的小女友将他几年的积蓄花费一空之后，人也就走了。小青觉得他很可恨但是又很可怜，同时又庆幸因为自己当初的放弃才有了现在美好的姻缘。

如果没有转身，小青如何能遇见现在的男友？如果小青一直沉浸在自己的痛苦之中，那她又如何重现自己昔日的美丽与开朗？当你失去一切的时候，不如潇洒地转个身，那么你将会看到一个不一样的世界。

在生活的其他方面，同样也存在这样的道理，折磨自己是一件毫无用处的事情，因为这只会让自己更加难堪。有人这样说，折磨自己就相当于一层层地剥掉自己的自尊，让自己的灵魂赤裸裸地暴露在外面任人品评。人活一世原本就不容易，那你为什么还要折磨自己，让自己遭受的痛苦更深一层呢？

折磨自己是最不明智的选择，因为受伤害的永远是自己一个人，当你能够转身的时候，就会看到另外一个不同的世界。

一个政治家退休了，可是他依旧迷恋着那段发号施令的时光。为了满足自己的愿望，他把自己家里的房间都命名为政府的办公部门，将家里人任命为各部部长，好让自己沉醉其中。

这是一个笑话，估计现实中没有人会这样去做，但这种心理依然是普遍存在的。对于失去的权力、失去的感情，转身是最潇洒的动作。没人会同情在角落哭泣的人，只有潇洒的背影才会让人敬佩。

不是每一个转身都能有新的天地，但是如果不转身就会被过去的阴影所笼罩。不是折磨自己就能换来好的结果，你首先要自爱才能得到他人的爱。

◎ 结怨易，结缘难 ◎

我们最不喜欢看到的人估计就是冤家了。但是，我们也知道，没有无缘无故产生的冤家。在我们的人生之路上，做错事是无法避免的，伤害别人往往也只是无意的举动。当我们发现自己的问题之后，如果能够及时解释并道歉，就能避免一个冤家的产生。在磕磕碰碰的小事中，如果能够及时化解，双方能够互相宽容一点，就不会产生那么多问题，也就不会产生一些不必要的争执。

每个人都知道得道多助的道理，如果我们能够将一个小矛盾或问题消除在萌芽状态，才算高明。

人与人之间肯定会有交往，有交往就难免产生磕磕绊绊，而这些磕磕绊绊往往都是一些小事情。如果我们不能克制住自己的情绪，轻易就把自己的脾气发泄出来，那将会招致很多不必要的麻烦。相反，如果大家都能够宽容一点，再难的问题也能够协商解决，再多的不愉快也会烟消云散。

小高是上海一家大饭店的经理，饭店的生意很好。一天上午，一个美国人怒气冲冲地闯进了他的办公室，对小高说："你是这家饭店的经理吗？我刚才在饭店的大门口摔伤了腰。你们的地板太滑了，而且连个防滑的措施也没有，这样做太危险了，请你立即带我去医务室。"

小高看到这样的情况，非常客气地说："对此我们十分抱歉，请问先生，您的腰还疼吗？我们马上带您去医务室，请您稍坐在这儿等一下好吗？"

这位美国人坐在椅子上，嘴里依然在不停地抱怨。这个时候，小高拿出一双舒适的拖鞋，温和而有礼地对他说："先生，请您换上这双鞋吧，它能够让您稍微舒服点。医务室已经联系好了，现在我就带您去吧。"

其实，在美国人刚进来的时候，小高就判断出来美国人的腰部并没有大碍。当美国人走出办公室的时候，小高将美国人的鞋交给一个服务员说："这双鞋的后跟已经磨薄了，在我们回来之前把它送到楼下修鞋处换上橡胶后跟。"

检查很快就结束了，如小高预料的那样，并没有发现任何异样。美国人也冷静了下来，随同小高一起回到了经理室。小高微笑着说："没什么大问题，比什么都好，这就放心了，请您喝杯茶吧！"

看到小高这么客气，这位美国人也觉得自己刚才有点冒失了，所以也就客气地说："贵店的地板有点滑，感觉有点危险，我只是想让你们注意一下，没有别的意思。"

这时小高拿出已经修好的鞋，对美国人说："很冒昧，我们擅自修理了您的鞋。那个鞋匠说，后跟磨薄了确实容易打滑。"

美国人穿上修好的鞋，对小高的服务赞叹不已。两个人愉快地握手以后，美国人走出了经理室。小高送他出门时说："请您将这个不愉快的事忘掉吧，欢迎您再来。"

从这以后，只要这位美国人到上海，必定会住进这家酒店，并且时常会和小高聊上几句。

一场看似不可避免的矛盾就这样圆满地解决了。在这里，我们看到的不仅是小高的机智和客人的谅解，更看到了一个事故能圆满解决且对彼此造成的良好影响。一个小的矛盾没有升级，而且结局是皆大欢喜的，这是最值得欣慰的地方。

正所谓相逢一笑泯恩仇，更何况有太多的"深仇大恨"原本就是自己心胸狭隘造成的后果。和自己的"仇人"握手言和，在敌友分明之间留下一条"绿化带"，这不仅仅是给自己留下一条后路，更是给自己开辟了一条新的道路，还是一种襟怀大度的体现，何乐而不为呢？

总有一些人不注意这一点，如果一个人大处做得不圆满，可能就会招来杀身之祸；小处做得不周到，也会给自己带来麻烦。造成这些小麻烦的原因往往是因为我们不能克制自己的情绪，或者根本就是对别人的误解。

巴顿将军在美国历史上是一个赫赫有名的人物，但就是这样一个了不起的人物也曾经因为未能克制自己的脾气而招致很大的麻烦。有一次，他到前线的医院里看望伤员，当他看到一个病号在哭泣的时候，就走到了他的跟前，问这位病号："你为什么哭？"病号抽泣着说道："我的神经出了问题，现在已经听不得枪炮声了。"巴顿将军勃然大怒，立刻大发雷霆："对你的神经我无能为力，但我要说，你是个胆小鬼，你是个混蛋！"骂过之后，巴顿还觉得不够，上去又给了这个病号一个耳光。

在走出病房之前，巴顿好像余怒未消，转头又对病号吼道："你必须到前线去，你可能被打死，但你必须上前线。如果你不去，我就命令行刑队把你毙了。"

令巴顿没有想到的是，随行的记者把这件事报道了出去，随即这件事在美国国内引起了强烈的反响，很多士兵的母亲都要求把巴顿将军撤职，更有甚者，有一个人权团体还要求对巴顿进行军法审判。

这件事后来被马歇尔总司令巧妙地化解掉了。虽然在战争期间需要巴顿将军来指挥战斗，但是巴顿还是因为打骂士兵而声名狼藉，这是他在战后就被撤职的一个重要原因。

在表面上，巴顿只是得罪了一个士兵，但实际上是得罪了一群人。他对待士兵的态度为他树立了一群敌人，这本来是一件小事，但最终却引发了自己被撤职的悲剧。

我们在漫长的人生道路上，做错事是难免的。在伤害了别人的时候，唯一的办法就是要及时去解决问题，从而避免怨恨越积越多。当情绪波动不能释然的时候，要时刻记得，冤家宜解不宜结；放下无谓的追求，心宽之后才能享受舒心的生活。

◎ 有得有失的人生才精彩 ◎

在我们的生活中，经常可以看到一些人因为得到而欢欣不已，也因为失去而郁郁寡欢。也正是因为这些事情而让我们的人生有起有伏，有人能够很坦然地面对，抱着一种享受的心态来面对一切，有人却无法承受，在大起大落中让生命蒙尘。

诚然，我们不是哲人，不是大师，达不到看破红尘的境界，但至少，我们应该抱持一种看淡得失的心态。人生的精彩就好像一个美丽的瓷瓶，在我们前行的路上，很可能就会不小心将瓷瓶打碎，这个时候，我们是应该在碎瓷片面前暗自神伤，还是继续前行，努力地去烧制另一个？

人生说难其实也不难，在短短的几十年里要不断地面对、不断地取舍，还要不停地在得和失之间转换；人生说简单其实也很简单，如果把人生比作一场长途旅行，那么沿途的风景和看风景的心情也许比目的地更为重要。

得到，是自己努力付出后应该得到的回报，无须张扬和炫耀；失去，是另一种形式的得到，无须低落和不满。如果把人生比作一个容器，那只有将容器不断腾空之后才能容得下新的精彩。

在一个乡村有一对清贫的老夫妇，他们一直生活得很快乐。有一天，他们想把家中唯一值点钱的东西——一匹马拉到集市上去换点更有用的东西。于是，老翁牵着马去赶集，他先用一匹马换了一头牛，后来又用牛换了一只羊，然后用这只羊换了一只肥鹅，他看到有卖鸡的，又用肥鹅换了一只母鸡，到了最后，他用母鸡换了一口烂的苹果。每一次的交换中，老翁都希望给老伴一个意外的惊喜。

当老翁扛着一袋子烂苹果来到一家酒馆休息的时候，遇到了两个英国人。在闲聊中，老翁谈到自己赶集经过的时候，两个英国人哈哈大笑，并且十分肯定地说老翁回到家后会受到妻子的责骂。但老翁坚决地说不会，于是英国人就决定和老翁打赌，筹码是一袋子金币。于是3个人一同来到了老翁家里。妻子见丈夫回来后，非常高兴，她兴奋地听着丈夫讲述赶集的经过。每当听到丈夫用一种东西去交换另外一种东西的时候，妻子都对丈夫充满了敬意，她不停地说："我们有牛奶喝了。""鸡蛋也不错……"等到丈夫最后说只背回来一袋子烂苹果的时候，妻子依然很开心地说："我们今天晚上可以吃到苹果馅饼了！"英国人看到这种情况，心甘情愿地输掉了一袋金币。

这虽然是个童话故事，但至少我们可以领悟到，不要为了已经失去的一匹马埋怨生活，既然只剩下一袋苹果，那最好的办法就是把苹果做成馅饼。只有在这种心态之下，我们的生活才能充满幸福与和谐，甚至会有意外的收获，就像打赌赢来的一袋金币。

在一个人的生命中，得到是正常的，失去也是常态。当我们看到一些恋人在分手的时候，虽然表情有些无奈，眼睛里带着忧伤，但当我们看到他们依然潇洒地挥手互道珍重的时候，我们的心里就会不由自主地发出感叹：坦然面对真好。

在我们的生活中，总是有太多的抱怨，有太多的不满足，仿佛一个被父母宠坏的孩子总是不断地向生活索取。于是，拥有得越多，就越怕失去，而对于抓到手里的东西，我们总是习惯牢牢地抓住不放，或许，这就是人们所说的贪心吧。

冷眼看待世间繁华，在畅达的时候不张狂，在窘迫的时候不消沉。人生需要历练，在潮起潮落的人生舞台上，我们需要用一种从容的心态来面对喧嚣的红尘。在得到的时候，要懂得与人分享，在失去的时候，要知道调整好心态，无论得失，都要把人生过得更精彩。

◎ 你不是超人，要有所为有所不为 ◎

"有所为，有所不为。"这是两千多年前孔子留给我们的七字箴言。为与不为在于取舍，或者叫作选择。在获取和放弃之间，一个人的洒脱和气魄体现得淋漓尽致。勇于放弃是一种境界，是历经跌宕起伏之后对世俗的一种坦然面对，是饱经人间沧桑后对财富的一种感悟。

有所不为是一种豪气和洒脱的表现，也是为了更深层面的进取。对于这样的人生而言，有所不为的转身是优雅的。很多人之所以举步维艰，往往是因为背负的东西太过沉重，是因为还没有学会"有所不为"。

每个人的能力都是有限的，只要我们能够清楚地认识到这一点，那么我们就能体会到"凡事不要苛求自己，该放弃的时候就要放弃"是一种多么豁达的心态。如果我们非要把自己抬到那些完不成的极限和遥不可及的高度，那只能是让自己受尽折磨。如果我们能够抱着一种顺其自然的心态去追求和努力，在有所为的时候能够做到有所不为，那我们的生活将会更加精彩。

林语堂先生是我国著名的文学家，他的书斋有一个奇怪的名字"有不为斋"。而他正是巧妙地截取了"君子有所为，有所不为"这句话作为自己的书斋名，以提醒自己的人生中要学会取舍。文如其人，林语堂的一生也确实遵循了"有所为，有所不为"的人生信条。

林语堂不止一次地明确指出：有的文人可以做官，有的文人不可以做。自己对官场上的生活是无论如何也吃不消的，一是怕无休止地开会、应酬、批阅公文，二是不能忍受政治圈里小政客的那副尊容。

有一次，蒋介石亲自找到林语堂，要给他一个副院长的职位。两个人在经过了长时间的交谈之后，林语堂终于露出了一脸释然的笑容。

他的一个朋友看到这样的情景，于是就说："恭喜你了，准备到哪个部门高就呀？"

林语堂很轻松地说道："我已经推辞掉了，到现在为止，我还是一个自由人。"

对于高官厚禄，林语堂曾经说过："追求权势会使人沦为禽兽。权势欲望是人类最卑下的欲求，因为这种欲望伤人最深。"

现在想想，林语堂把自己的书斋取名为"有不为斋"，或许在他的心目中，"有所不为"比"有所为"更重要，从某种程度上来说也更难做到。

要有所为，就必然会出现有所不为的情况。当我们选择一个方面的时候，必然也会放弃另外一个方面。鱼与熊掌不可得兼，适时地放弃能够为我们节省更多的时间，能够让我们有机会去做更有意义的事情，因为只有放弃了不适合的追求，才能显示出真正的杰出。

对于那些妨碍我们获得生活情趣和人生追求的事情，要果断地撒开。一个足够聪明的人往往会在繁杂的事情中选择"不为"，而这样做的目的就是为了能更好地"有为"。

英国诗人弥尔顿曾经说过:"心灵是一个特别的地方,在那里可以把天堂变成地狱,也可以把地狱变成天堂。"当繁芜的事情蒙住我们的双眼,捆绑住我们心灵的时候,我们一定要坚信:生活是简单而美好的,只要我们适时地选择放弃,懂得"有所不为",就一定能全方位地来欣赏这个美丽的世界。

福特公司是美国著名的汽车生产制造商。在福特公司创立之初,很多技术都是由福特本人开发出来的。久而久之,福特本人也产生了一种错觉,他认为自己无论是在企业管理还是研发技术方面都是无所不能的,似乎没有哪一部门能离得开他。

然而,在公司技术部里,技术人员正在为一个问题而产生激烈的争论,那就是用"水冷"还是"气冷"冷却发动机。虽然大部分技术人员都支持采用"水冷"来冷却发动机,但是福特却认为"气冷"是最好的,因此整个福特公司生产出来的汽车都是"气冷"式轿车。

然而在一次比赛中,使用"气冷"的赛车在比赛时发生了意外,车手也被严重烧伤。这件事对"气冷"式轿车的销量产生了严重影响。为此,技术人员要求研发"水冷"式轿车,可此时的福特还是坚持研发"气冷"式轿车,以至于公司的几名技术人员准备辞职。

对此,福特公司的副总经理感到了事态的严重,于是他果断地找到福特,并当面质问:"您是觉得您个人身兼数职重要,还是整个公司重要?"

面对这样严肃而直接的质问,福特惊讶地回答道:"当然是整个公司重要了。"

"那就同意让他们去研发水冷引擎。"副总经理的毫不留情让福特猛然醒悟过来,也明白了自己大包大揽、执迷不悟的过错。

于是，为了挽回自己的错误，福特亲自召见了所有的研究人员，宣布以后公司技术研发的主要方向由他们决定，自己只负责管理。而对于那几名想要辞职的技术人员，福特全部委以重任，自己也不再插手技术方面的问题，而转向了管理。

没过多久，福特公司的技术人员便开发出了适应市场的"水冷式发动机"，再加上福特先进的管理方式，福特汽车的销量大增，这也让福特公司很快成为汽车行业的领军者。

福特的转变，在于他清楚地认识到，没有人是无所不能的，只有正确地认识自己，才能够把握住自己的优势，明确自己的方向。无论是一个人还是一个企业，首先要放弃的就是"超人"的想法，如果不把事情分担给别人，那么自己就会被所有的苦累折磨。只有明确"有所为，有所不为"的人才能真正地从紧张的生活中解脱出来，从而让自己的生活变得张弛有度、安然洒脱。

一个人追求梦想没有错误，但是如果过分地有所为，那梦想就会变成你的羁绊，成为你体验人生的绊脚石。其实，生命并非只有在一处才能显现出辉煌，当你撞了南墙之后若肯及时回头，那也许就会有"柳暗花明又一村"的景象。当你每一次放弃的时候，同时也会有新的发现和新的选择；当你觉得放弃不是一种退缩，而是一种重新开始的时候，你就真正领悟到"有所为"和"有所不为"的真谛了。

◎ 走向成功，从学会放弃开始 ◎

在漫长的人生道路上，对大多数人来说都是充满着艰难和坎坷的。一些人只是一味地埋头坚持，却忘了抬头看路。低头走路是脚踏实地的苦干，而抬头看天则是辨识道路、认清方向。如果一个人只是自顾埋头坚持，就会脱离当时当地的实际情况，从而丧失稍纵即逝的机遇，偏离成功发展的航向。

成功就是在不断放弃与坚持的交替中实现的。每一次抬头都让我们在既定的方向上向前不断迈进，不断取得更多的成功。

一直以来，人们都认定一个道理："天道酬勤。"这话是有一定道理的，只不过在当今这个讲究效率的时代不一定能够全部适用。现实中，有很多人的勤奋并未换来成功，我们不能否认一个人的努力，同样，我们也会被一个人的毅力和精神打动，但是如果没有正确的方向，我们也只能对此表示遗憾了。正如荷马史诗《奥德赛》中的一句至理名言所说："没有比漫无目的地徘徊更令人无法忍受的了。"一个人要是确立了正确的方向，就会让他距离目标越来越近，如果方向出错了，那只能是远离成功。即便他加快速度，也只能是错得更加离谱而已。

一个人发展空间的大小往往取决于最初的选择，作对了选择就等于在起点上赢了别人。我们在通往成功的道路上，前进的速度是可以调节的，但最重要的是要有明确的方向。当大多数人都习惯匆匆赶路的时候，他们往往去了一些根本不值得去的地方。而一个做事效率高的人一般都会朝着正确的方向前行,放弃那些死胡同的道路。

美籍华裔作曲家谭盾是个优秀的音乐家。1999年,他因歌剧《马可波罗》而获得格莱美作曲大奖。此后不久的2001年,他又凭借为电影《卧虎藏龙》作曲而一举夺得了奥斯卡金像奖"最佳原创配乐奖"。他的成功绝非一种偶然,而是他在决策上为自己创造了成功的先机。这首先就体现在他有着明确的人生道路和目标,从而让他少走了很多的弯路。

年轻时候的谭盾很喜欢拉琴,但是刚到美国的时候,他为了能够养活自己,只能依靠在街头拉小提琴来赚钱。非常幸运的是,谭盾与一位黑人琴手联合,一起争到了一个可以赚钱的好地盘,那就是银行的门口,那里每天都人潮汹涌……一段时间之后,谭盾就赚了不少的钱。在赚到钱之后,他并没有选择这个看似很轻松的赚钱方式,而是和他的黑人朋友告别了。他来到了音乐学院进修,把自己的全部精力和时间都投入到了对自己音乐素养的提高之中。在学校进修的日子里,他无法像以前那样在街头拉琴赚钱,可是他一点儿也不后悔放弃街头拉琴的生活,因为他有着更为远大的目标。

许多年之后,他偶然间路过当初自己"演出"的银行门口,发现昔日的黑人朋友仍旧在那里拉琴赚钱,而他的表情也如当年一样。黑人琴手看到突然出现在眼前的谭盾,异常兴奋地停了下来,拉着他的手问:"朋友,你还好吗?好几年不见,现在你在哪里拉琴?"

谭盾看到此情此景,说出了一个知名音乐厅的名字。他的黑人朋友立刻反问道:"那家音乐厅的门口也很好赚钱吗?"

谭盾淡淡地说:"还好了,生意不错……"

在一起拉琴同样努力的两个人,最终的差距不在于是不是努力,而在于是不是选对了方向。想要获得成功，勤奋和努力虽然很重要，但是方向更为重要。

一个人想要成功，有的时候需要的不仅仅是开创新事业的勇气，更需要壮士断腕的魄力。可能你在放弃的瞬间会有很多的不舍，也会有些许的痛苦，但是只要你坚信自己走在正确的道路上，坚信自己能够做好，那这样的放弃就是值得让人钦佩的。

我们在不断选择的过程中，要有不断放弃的魄力，并且在不断的放弃中寻找到最适合自己的道路。如果我们能够摈弃那些惯性思维，把人生引导到一个正确的方向，那该是一件多么美好的事情。也只有这样，我们才会有更多的人生选择权，才会让自己未来发展的道路越来越宽阔。

当我们能够把放弃作为一种进取的手段时，我们就有了更多的机会。我们要时刻记住，放弃不是懦夫的表现，放弃只是为了让我们更清楚地看清自己的道路，放弃也只是为了让我们更快、更好地前进。

第十三章 ／ 看淡看开的态度
你是人间自在人

> 拿得起，放不下是很多人的通病。现代人的个性张扬，独立自我，导致心中的执念难以去除。每个人都有不愿舍弃的东西，它可能成为我们不断前进的动力，也可能会使我们脚步沉重缓慢。如果能够不去在乎一时的得失，放下重担，你会走得会更加轻松。

◎ 云淡风轻，活得轻松 ◎

人的生活是丰富多彩的，但压力也是人们生活中一个重要的组成部分。有些人总是脱口而出："如今的生活压力太大。"那我们如何才能让自己的生活变得轻松一点儿呢？又该如何释放自己的压力呢？人生苦短，不过匆匆几十年而已，如果每天都被一个"累"字包围着，那岂不是无法享受到精彩的人生？那么我们为什么不让自己活得轻松一些呢？

一位很有成就的演说家这样说："每天当我脱掉自己外套的时候，我全部的重担也就随之卸了下来。"在我们日常的工作和生活中，要善于脱下乏味和疲劳的外套。事实上，很多成功者，他们或者每天至少抽十几分钟空闲进行沉思或神游，或者不时亲近一下大自然，再不然就躲进洗澡间舒舒服服地泡上半个小时，让自己放松下来。这其实也就是他们脱掉压力外套的一种方式。

在喧闹的人群中，我们往往听不见自己的脚步声；在远离喧嚣人群的大自然中，我们才能够重新认识自己；在没有霓虹的夜晚，我们才能看得到美丽的星光。当我们将一切抛开，让自己从杂乱无章的状态中解脱出来的时候，我们的头脑将得到前所未有的进化。

在每天的清晨，我们和大多数的人一样，背着包袱来进行一天的工作和学习。到了第二天的时候，我们又背起了前一天的包袱……当生命越往前走的时候，我们身上的包袱也就越重。

有个年轻人一直有一个伟大的梦想，那就是到达心目中的圣地。他翻山越岭，乘风破浪，虽然历经跋涉，但是还是没有办法到达他心中的目的地。

有一天，他累得实在是走不动了，恰好遇见了一名智者，年轻人便虚心求教："智者，我是那样的执着，那样的意志坚强，长期跋涉的辛苦和疲惫难不住我，各种考验也没能吓倒我。我的鞋子破了，手也受伤了，嗓子也因为长久地呼喊而沙哑……我已疲惫到了极点，为什么还到不了我心中的目的地？"

智者听完后微微一笑问他："你从什么地方来？"

年轻人自豪地说道："我是从两千里外的山上来的。"

智者看了看年轻人身后鼓鼓囊囊的行囊，便问道："你的行囊里都装了些什么呢？"

年轻人说："这些都是对我非常有意义和作用的东西。有一些是我生活必须用到的东西，还有我这些年取得的各种荣誉，最宝贵的就是我在沿途中获得的无价珍宝，件件都是价值连城……"

智者听完后问了一句："你的行囊重吗？"

年轻人有些不解："这些都是我无法丢下的东西呀。"

智者又说："你从那么远的地方过来，带着这么重的东西，你还有多少力气赶路呢？如果你能够把那些不必要的东西丢掉，那你的脚步不就可以快很多了吗？"

年轻人顿悟了："是啊，我为什么要带这么多东西呢？"于是，他首先把过去的荣誉丢掉了，脚步果然轻快了很多。走了一段，他又想："得到智者的至理名言不就是最好的无价之宝吗？"所以，年轻人又把千辛万苦得到的珍宝全部扔到了海里。

这个时候，年轻人感到自己健步如飞，目的地就在咫尺了，这时候他才感悟到：原来，生命是可以变得轻松的。

其实，我们的生命就是一场长途的旅行，只有勇于舍弃那些没有价值、显得多余的东西，我们才能收获到属于自己的轻松与快乐。那么在现实生活中，我们是否检查过自己的背包？在我们的背包里又有多少东西是没有价值或者不必要的？我们还要背起来行走多久？

假如把生命比作一艘前行的航船，如果行李太多，它将不堪重负，甚至有翻船的危险。卸下不必要的行李，轻装上阵，我们才能更加快速、顺利地到达成功的彼岸。人生本来就是一个不断选择与放弃的过程，只要我们取舍得当，那便是对肩上包袱的一次清理。丢掉那些不值得带走的包袱，我们才可以简洁轻松地继续走着自己的人生之路，才有可能步行高远，看到更美丽的风景。

一个觉得自己压力很大的年轻人找到了心理医生，希望医生能够给他一个正确的方法去应对压力。医生听完年轻人的诉说之后什么也没有说，他拿了一杯水，问道："你说这杯水有多重？"

年轻人有点儿不屑地摇摇头,说:"很轻,也就 20 克。"

医生没有再多说什么,只是一直让他举着那杯水。过了一段时间,又问:"重吗?"

这时,年轻人举杯子的手已经感觉有些酸痛了,他换了一下手说:"感觉很重,好像有 500 克。"

从 20 克到 500 克,两次回答,悬殊竟然这么大。

"水还是同一杯水,变的只是时间。同样的一杯水,你举的时间越长,就会感觉到分量越大。"

年轻人这时候显出略有所思的样子,医生继续说:"倘若我们总是将压力扛在肩上不放下,压力就像水杯一样,会变得越来越重。早晚有一天,我们将不堪其重。而正确的做法就是放下水杯,休息一下,以便再次举起它。"

年轻人恍然大悟:要想生活得轻松,放下压力是唯一的选择。

生活给我们的压力远远没有想象中那么可怕,可怕的是我们不会放下压力,最终导致压力越来越大。当我们不能承受背上的重负之时,不妨学着把它放下。面对压力,敢于说不、敢于放下的人,才能活得更轻松。

我们在面对种种压力的时候要做到两点:一方面要学会抗压的艺术,该伸则伸,该屈则屈,该进则进,该退则退;始终从容不迫、游刃有余地张弛命运之簧,弯而不折,曲而不断。另一方面,要懂得在自己承受不了的时候适当弯腰,放下那些带给自己无尽压力的事情。一如大自然里的雪松,当积雪堆满的时候,那富有弹性的枝条就会弯曲,让雪滑落下来。所以,无论雪下得多大,雪松始终完好无损。

◎ 不要太在意别人的看法 ◎

在我们的生活中,总会听到有人说,那个谁谁谁又说我什么了,并总是为此而郁闷不已。诚然,我们都希望自己在别人的眼中是一个无可挑剔的人。但事实上我们也知道,根本不存在这种完美的事情。但总是有人放不下自己的执念而生活在别人的看法之中。

在漫长的人生道路上,我们只是别人眼中的一道风景,如果总是过多地去纠结于别人的看法,我们将会把自己变得面目全非。一个顾及他人眼光而存活的人,往往会因为别人的阿谀奉承而迷失了自己,也往往会因为他人的口诛笔伐而自甘堕落。巨大的心理压力让人无法正视自己的缺点或者优点。当别人的看法扰乱了我们的生活,甚至左右了我们的人生的时候,我们就要放下这种执念。毕竟,人生漫长,我们的道路是自己走的,别人说得再多也只是我们人生旅途中的过客。他们不会陪我们走到最后,更不会为我们的行为买单。

一只乌龟以前一直生活得很快乐。有一天,乌龟正悠闲地躺在沙滩上晒太阳,这个时候走过来几只螃蟹,螃蟹看到乌龟背上的甲壳便嘲笑道:"大家都来看看啊,这是一只什么怪物呀,身上背着重重的壳不说,壳上还有乱七八糟的花纹呢,真是难看死了。"乌龟听后,觉得很羞愧,因为它的这身盔甲而给自己带来了莫大的耻辱,可这是生下来就有的,没有办法改变啊。于是,乌龟便把头缩进了壳里,想眼不见心不烦,落得一个耳根清净。螃蟹们看到乌龟把头缩进了壳里，便得寸进尺道："哟，你以为把头缩进去就能变得漂亮了吗？真是个五八怪。"在一阵嘲弄之后，螃蟹们走了。

过了一会儿，乌龟伸出头来，想想螃蟹们说的话，它决定把自己身上的甲壳去除掉。正好在不远的地方有一块礁石，于是乌龟把背部靠在礁石上不断地打磨，想磨掉那件给自己带来莫大耻辱的"马甲"。在历尽巨大的痛苦之后，乌龟终于把背部给磨平了。

一天，东海龙王召集水族全体成员，宣布要封赏乌龟家族，并命令乌龟全体成员叩头谢恩。在这个时候，龙王一眼就看到了那只没有"马甲"的乌龟，便勃然大怒道："你是何方妖怪，竟敢冒充乌龟家族过来受封？"这只乌龟委屈地说："大王，我本来就是乌龟啊。""胡说，乌龟都是有外壳的，这也是乌龟家族的标志，如今你连标志也没有了，还有什么资格说自己是乌龟呢？"说完，龙王大手一挥，将这只没有甲壳的乌龟赶出了龙宫。

当然，这只是一个简单的寓言故事，世界上不会有磨掉自己甲壳的乌龟，但有磨掉自己棱角的人。当别人在谈论我们的不足，或者认为我们的所作所为与他们的做事方式不同时，我们也会产生一种负面的情绪来否定自己，甚至在暗地里与人群中的其他人相比，这样做的结果往往就是越比较越自卑，越觉得自己一无是处。于是，我们就渐渐失去了自己本来的面目而趋同于他人的言论和行动。只有那些不在意他人看法的人，才会有勇气拿得起，才会有勇气放得下，才会成就他人无法成就的伟业。

在我们的一生之中，别人怎么看，真的那么重要吗？都说人生苦短，只要我们知道自己是什么人、知道自己应该做什么事，这已经足够了。如果我们只是一味地在意别人的看法，那我们岂不成了小丑吗？甚至连小丑都不如。最起码，小丑的嬉笑怒骂是由自己掌握的，而我们却一味地迎合他人。那我们是为了谁而活着呢？我们又是在走谁的道路呢？

在我们日常生活中，一些人总是因为别人的一个动作甚至一个眼神就觉得不自在。别人一句无心的言语都能够让他们茶饭不思，扰乱自己的生活。于是，他们便谨小慎微、畏首畏尾，从而成了别人的笑柄。

有句话说得很好，别人笑我太疯癫，我笑他人看不穿。我们不是生活在别人的眼皮底下，我们要有自己的生活方式。

有一对情感很好的夫妻，妻子一直很开朗，总能让平静的生活变换出新鲜的色彩。他们的生活充满了乐趣，虽然结婚已经好几年了，但他们看起来还是像新婚夫妇一样。

一天，丈夫收到了妻子送来的一份小礼物，那是一支漂亮的铅笔，在铅笔的上面刻着一行字："我爱你。"丈夫很是感动，他非常喜欢这个礼物，但又不敢放在桌子上，也不敢用，怕别人看见笑话。后来，他决定把妻子刻在上面的字刮掉之后才用。

没过多久，妻子看到那支铅笔上的字迹不见了，就对丈夫说："你把铅笔上的字刮掉了吧？难道你觉得拥有我的爱可耻吗？"然后又说了一句，"你管别人怎么想。"丈夫很受震撼，最后写了一本书《你管别人怎么想》。

妻子的一句话让丈夫看清楚了自己的人生，让他明白了自己的一生究竟是为了谁而活着。一个人的生活不是在别人眼里的幸福就是幸福，也不是他人说辛苦就是辛苦，所有的是非曲直只有自己明白才是最重要的。

其实，我们很多的烦恼来自太在意别人议论自己，或者自己希望被他人注意。可是，无论别人把我们夸得天花乱坠或者贬得一无是处，我们的生活依然要继续。

所以，做人一定要明智一点，人活一世，不可能去迎合所有人。我们在生活中，只要做好自己就够了，不必勉强改变自己，也不必费心地掩饰自己，更不必因为别人的一点议论就让自己陷入苦恼的境地。如果能够做到这样，我们就能少一些精神的束缚，多一点心灵的舒展；少一些不必要的烦恼，多几分人生的快乐。

◎ 淡泊名利，宁静致远 ◎

很多人最看重的就是自己的名声，这本是无可挑剔的事情。但我们也应该清楚地知道，如果过分看重那些不切实际的虚名，那么我们在自己前进的道路上将会走得异常沉重。一个久负盛名的人，其实内心是最疲惫的，因为他无时无刻不在考虑一个问题：我怎么样才能保持这样的盛名？我们常常羡慕那些被名声环绕的人，其实在他们身后有着常人难以理解的苦痛。尤其是当你沉醉于那种虚幻的名声之后，很有可能变得停滞不前，然后不思进取，最终一事无成。

人人都喜欢鲜花和掌声，这是一个人努力之后应该获得的奖励。但是如果过分地沉迷在其中，那将是一种得不偿失的行为。尤其是当你为了那份荣誉付出健康甚至是生命代价的时候，那将是一种愚蠢的行为。面对荣誉，我们应该保持一份清醒，我们要懂得珍惜荣誉，但更要懂得不让自己为名誉所累。

有的人为了名誉一生中背负沉重的负担，有人看淡名誉利禄，生活得潇洒自在。当你能够不为眼前的名誉所累时，你才真正获得了自己的荣誉。

人们对于阿姆斯特朗这个名字是异常熟悉的,尤其是他的那句"我个人的一小步,是全人类的一大步"也早已成为全世界家喻户晓的名言了。可是很多人并不知道,或许知道也并未在意,当初和阿姆斯特朗一起登上月球的还有一个伙伴,他的名字叫奥德伦。

在一次登月周年的纪念酒会上,有一个记者突然向奥德伦问了一个问题:"当你看到你的伙伴阿姆斯特朗成为登月第一人时,你心里是什么感受?"

这是一个有些敏感,甚至是让人有些难堪的问题。在这有些尴尬的气氛中,奥德伦没有表现出任何的失落,而是非常有风度地说:"各位,千万别忘了,回到地球时,我可是最先出太空舱的。"他环顾四周,笑着说,"所以我是由别的星球来到地球的第一人。"大家听到他巧妙的回答,不由得鼓掌称赞。

美德就像流淌的江河,只有寂静无声才是最宽广的表现。奥德伦是聪明的,他的聪明不仅仅是因为他的完美回答,还在于他看淡了那些荣誉,不与人争利,懂得如何成人之美。

总有一些事物是我们魂牵梦绕想要的,一些名誉是我们费心费力企图获得的。但在得到之后,很多人又有着这样的感慨:不过如此嘛。当初的种种执着往往起源于一个"贪"字。

只有那些把虚名看淡的人,他们的人生才能过得从容。只有认清虚名的本质,我们才能真正懂得什么是自己想要的东西。

说起汉武帝,人们的第一印象就是认为他是一位很伟大的帝王。在他统治时期的汉帝国是一个强大的政权。但实际上,这所谓的赫赫威名是汉武帝付出了沉重的代价才得到的。

在汉武帝征战四方的过程中,有一个国家的名字是不得不提的,那就是大宛。在疏通西域的过程中，因为大宛不肯献上汗血宝马，汉武帝觉得自己很没有面子：自己是威震四方的帝国君王，而大宛国只不过是一个弹丸之地的小国。于是他便劳师动众，兴兵几十万去攻打大宛国。由于路途遥远，士兵们水土不服，再加上指挥不力等诸多因素，士兵大量死亡，最终虽然取得了一定的胜利，但也付出了极为惨重的代价。不仅如此，汉武帝还北征匈奴，出兵两越和云南，最终将国库耗费殆尽。到了汉武帝的晚年，虽然他赢得了"强大"的名声，但对汉王朝的统治却没有什么实质性的帮助，反因连年的征战让百姓苦不堪言、贫困潦倒，汉王朝也从此走向了衰落的道路。

纵观历史，无论多么伟大的人物，一旦被虚名所纠缠，那么等待他的将是无止境的苦痛和麻烦。无论一个人的天赋多么出众，如果眼睛只看到名誉下的光环，那等待他的也肯定是平庸的一生。

方仲永的故事已经不止一次地在现实社会中上演了，很多少年成名的人最后落得个庸庸碌碌的人生，其中很大的原因就是他们抱着"天才"、"神童"的名号死死不放。

能够出名当然是一件不错的事情，谁都不希望自己的一生庸庸碌碌、默默无闻。但如果过分地去追求所谓的名声，那就有些过犹不及了，因为这些事情会让自己戴上名誉的枷锁，从而失去了生活的自由，也失去了生活的本真。

千灯万盏，不如心灯一盏。回归到现实生活中来，无论一个人拥有多少的憧憬，拥有多少的期望，而真正的道路在于放开心中的执念，让"心灯"照亮自己、引导自己。只有这样，我们才能够轻松，才能够过上最纯粹的生活。

◎ 放下心头杂念，心清脚下宽 ◎

人生并不美丽，人生也不完美。在我们不断前进的道路上，周围会有很多诱惑，心中也会有很多杂念。其中，总有一些杂念让我们延迟了自己的步伐，总有一些杂念让自己踟蹰。这些杂念让我们偏离了最初的方向，而我们要想找到自己心灵的方向，就必须让自己心里澄清，没有杂质。

有句话是这样说的："人生最大的遗憾莫过于轻易放弃了不该放弃的，却固执地坚持不该坚持的。"无论放弃也好，转弯也罢，都是为了另一种积极进取的改变，或明心智，或助登峰。

一位老和尚带着他的一个徒弟去拜访另一家寺庙的住持。在行走到河边的时候，老和尚正要过河，却看到一块不远处的石头上端坐着一位貌美如花的姑娘，那位姑娘正望着湍急的河水发呆。

老和尚便上前念了声佛号，询问姑娘为何呆坐于此。

姑娘无奈地说："今日我正要赶着到邻村去参加亲友的喜宴，可是昨夜的一场暴雨让这河水湍流不息，我有些害怕啊！"

得知此情后，老和尚没有丝毫的犹豫，背起那位姑娘就过了河。

过了河之后，姑娘道了声谢就离开了。在走了一段路之后，徒弟总是一副欲言又止的样子。终于，徒弟开口问道："师父，我们出家人一向四大皆空，需得要过五戒，尤其是这'色'戒……"

老和尚笑着说：“那你是不是认为我已经犯戒了呢？”

徒弟支支吾吾地说道：“可是，终究是男女授受不亲，何况我们还是出家人……”

老和尚看了看徒弟，温和地说道：“刚才我在河旁就已经将那位姑娘放下，任她自行离去了。而你到现在还无法将她从心头放下，硬是拴住，不肯放她走。”

老和尚之所以能够坦然应对，是因为他把外界的一切规则都看成了形式上的附加，一旦从内心上放弃那些纷纷扰扰的杂念，心灵就会变得平和很多。一个人最强大的敌人不是别人，正是自己。而自己最大的敌人就是心中杂念太多，而又不肯放弃。

在前进的路上，如果你产生了停滞和迟疑的杂念，也许你就会忘记了前进，甚至失去了最初时的那股冲劲。所以，要想体味到成功的幸福，就必须摈弃各种杂念，一心向前，只有这样才能勇于突破并且超越现状。作为一个渴望成功的人，也只有这样才能排除不必要的干扰，最终品尝到胜利的果实。

在登山界有一个传奇人物，那就是著名登山家罗塞尔。他经常在没有携带氧气设备的情况下成功地登上海拔高达6400米以上的高峰，这其中还包括世界第二高峰——乔戈里峰。

其实，在登山界，很多登山高手都会把不携带氧气瓶就能登上乔戈里峰作为自己的目标，但在世界范围内，很难有人做到这一点，几乎所有的挑战者都只登到了海拔6000米左右，就再也无法继续前进了，因为这里的空气已经极为稀薄，人们在此几乎会感到窒息。对于任何一个登山者而言，想要完全依靠自己的体力和意志力去登上乔戈里峰，都是一项极具挑战的冒险。

然而，罗塞尔却突破了种种障碍，完成了这项几乎不可能完成的事情。在接受记者采访的时候，罗塞尔说出了自己的登山过程。

他认为，在突破海拔6400米的登山过程中，最大的障碍就是内心各种翻腾的欲念。因为在攀爬的过程中，你头脑中的任何一个小小的杂念都会松懈自己内心原本坚强的意念，转而变得渴望呼吸氧气，慢慢地就会让自己失去征服的冲劲与动力。而这个时候，一旦有放弃的想法，随即"缺氧"的念头就会产生，最终击垮你征服高峰的意志，接受失败！

最后，罗塞尔总结道："想要登上峰顶，首先要做到的就是学会如何清除内心的各种杂念。当你脑子中的杂念越少的时候，需要的氧气量也就越少；杂念越多的时候，对氧气的需求也就愈多。在空气稀薄的状态下，排除内心的欲望和杂念就等于带了一个氧气瓶。"

登山是这样，人生也是如此。一个人杂念过多、欲望过重，就很难步伐轻盈。所以，我们只有抛弃一切杂念，保持内心空灵的状态，才能够做到心里清凉。

在射击赛场上，我们最常见的画面就是选手们宁静的表情。在不看具体成绩的情况下，最有可能拿到冠军的永远是表情最平淡的一个。原因很简单，射击比赛是一个非常考验人心智的项目，只有内心真正平静的人才能瞄得准。此外，无论先前的成绩是好还是坏，只要射出去了，就不再纠结，而是专心准备下一次的射击。这就是高手的心理素质，是高手的取胜之道。

当内心的杂念让我们偏离方向，我们唯一能做的就是把心头的杂念放下，真正实现一个新的飞跃和升华。

◎ 不强求，尽全力而了无遗憾 ◎

在我们的生活中，很多人常常在苦苦地追求，但人的欲望是没有止境的。而也就是这种追求催生了人们无尽的烦恼和痛苦。这种痛苦实质上就是自己强加给自己的一种精神负担。一个拥有智慧的人一般是不会为这些事情烦恼的，因为他们很清楚，追求原本不属于自己的东西，就是在为难自己。

我们总爱说两句话："命里有时终须有，命里无时莫强求。"无论是获得还是放弃，都是人生的正常现象。有得就会有失，在失去的时候终会有其他地方弥补过来，故而，我们不必因为得到而得意忘形，更不要因为失去而失魂落魄。世界上没有东西能够很轻易就能得到，我们想要得到一件事物，基本上都需要付出相应的代价和努力。如果一味地坚持得到原本不属于自己的东西，很可能就会得不偿失了。人生最重要的就是保持一颗宁静的心来享受生活。

一位成功的企业家因为过度的操劳，身体已经到了崩溃的边缘。在这种状况下，他请来了一位有名的老中医，希望老中医能够给自己开一些调理的药。

老中医在询问完他日常的工作生活情况后，只劝他多多休息，没想到却引来了企业家激动的抗议："那哪行！我每天承担着巨大的工作量，没有一个人可以为我分担啊！"

"难道没有人可以帮你处理文件吗？"老中医反问道。

"那怎么可以？这些文件都是十分紧急和重要的，只有我自己一份份亲自批示，才能快速地采取正确的策略。"企业家回答说。

"如果是这样，那么你的处方我已经给你开好了。"老中医不容置疑地说。

企业家欣喜地拿过处方一看，只见上面写了两行字：每天散步两个小时；每周保证至少有半天的时间去一趟墓地。

此时，企业家觉得自己被耍了，但出于对医生的尊重，他向老中医询问这副方子的用处。

老中医不紧不慢地解释道："之所以让你去墓地，是因为我希望你四处走一走，看望一下那些与世长辞的人。他们生前也曾跟你一样，认为全世界的事情都得打包扛在肩上，如今他们却全都长眠于黄土之中。你要知道，有一天你也会加入他们的行列。一直把自己视为'超人'，总在追求那些不属于自己的东西，你的身体自然越来越差了。"

这位企业家终于明白了医生的良苦用心，于是他改变了自己的工作习惯，下放了一部分的职权，他的心态也变得平和、宁静了许多，身体自然也就好了，而事业也仍然保持着不断向上的态势。

追求梦想是一件很有挑战性的事情，但我们一定要记住，自己一定要调整好心态，看清楚哪些才是自己想要的。如果只是一味地追求，那最后的结果很可能是自己给自己找麻烦。

当一段感情破裂后，还有多少人在苦苦追求，不能释怀；当一笔生意失败后，还有多少人仍念念不忘，给自己找借口；当无意中错过中奖号码，还有多少人痛苦不已，捶胸顿足。其实，这些都是没有任何必要的，我们既然没有得到这些东西，何不换一个思路：这些东西原本就不属于自己，只是因为因缘际会才会从自己身边经过而已。

在很多时候，一个人的执念就像毒品一样，会慢慢成瘾。不可否认，执着是一种美好的品质，但那些不属于我们的技能或者财富，如果我们非要执意去追求，那只能是难为自己。

兔子和鱼是好朋友，有一天，鱼对兔子说："我教你游泳吧，在敌人追你的时候，你又多了一项新的生存技能。"

于是，鱼开始教兔子游泳。兔子非常努力地去学习，可就是怎么也学不会。有一天，乌龟看到兔子在跟着鱼学游泳，笑得差点儿喘不过气来。兔子不解地问道："你为什么要笑呢？"

乌龟捂着肚子说："你是兔子，就是在森林里奔跑的，而鱼就是在水里游的。你现在却要追求那些不属于你的东西，这不就是在为难自己吗？"

这是一个简单的寓言，但并不可笑。我们在现实生活中，常常可以看到一些人就像那只盲目的兔子一样，虽然很努力，但注定得不到好的结果。一个人没有一副好嗓子，却想着自己成为一名优秀的歌手；一个人连买菜都经常算错账，却想成为李嘉诚第二。在我们身边，这样的例子太多了，他们有梦想没有错，他们也足够努力，只是追求错了东西而已。

每一个拥有梦想的人都是可敬的，但一定要追加一个前提：那份梦想真的属于你自己。

◎ 沉淀烦恼,不做无事庸人 ◎

现代人最爱说的一个字就是"烦"。很多人都觉得现实生活中有那么多的不如意,它们就像天空中的乌云一样,笼罩在人们的心头,让人难以展开笑颜。其实细究起来,有多少烦恼是我们自找的?如果我们采取顺其自然的态度,那许多烦恼就像雪花一样,来得快,也走得快。

在中国,有这样一句古话"任凭雨如注,终有天晴时"。一切事物都有其自身产生、发展、死亡的规律,烦恼也一样,它也会自生自灭。所以,当我们遇到不开心的事情或一时无法解开的心结,那就让它去吧,把烦恼在心底沉淀,或许几天之后,烦恼就自动消失了。

"菩提本无树,明镜亦非台。本来无一物,何处惹尘埃。"这是一种何其空灵透彻的人生境界。

当我们在感叹自己被烦恼包围的时候,是否想过,也许生活本无意与我们作对,其实和我们过不去的一直都是我们自己而已。所谓的烦恼,大都是人们无端地折磨自己,从而捆绑住手脚致使无法动弹。事实上,生活中99%的烦恼原本都不会发生。如此说来,解铃还须系铃人,能给自己心灵"松绑"的,也只有我们自己。

有一个年轻有为的男子总是感觉不到快乐,虽然他已经拥有了令人羡慕的一切:能够从中获得成就感的事业、拥有健康身体的父母、温柔体贴的妻子……于是，他毅然放弃了手中的一切，四处寻找解脱烦恼的秘诀。

当年轻人还未拥有这令人羡慕的一切时，他便四处寻找着可以令自己解脱烦恼的秘诀。有人告诉他："你去努力工作吧，等你事业有成的时候，你就没有烦恼了。"于是，他努力工作，从一个普通职员进入公司领导层，最终有了自己的公司。可是，他的烦恼依然存在着。

于是有人又告诉他："你去组建美满的家庭吧，等享受到了家庭温暖，你就没有烦恼了。"于是，他用尽全力找到了一位温柔体贴的妻子，并且有了可爱的孩子。可是他依然觉得有太多的烦恼缠绕着他。

一天，他来到了山脚下一个村落。在一望无际的稻田中，他看到一位老翁在树荫下悠闲地垂钓。

于是，男子走上前去鞠了一个躬："请问老翁，您能赐我解脱烦恼的办法吗？"

老翁看了他一眼，慢声慢气地说："那你告诉我，是谁捆绑住了你吗？"

"没有。"年轻人想了半天回答道。

"既然没有人捆绑住你，又何谈解脱呢？"

我们在生活中，受到伤害是难免的，唯一能决定我们要痛苦多久的只能是自己。我们往往被伤害过一次后，便在心中迟迟不能放下，这实际上就是让自己再次经受千百次的伤害。再多的气愤、怨恨，到头来痛苦的本源还是自身。快乐也好，幸福也罢，其实往往都只在一念之间。

快乐的人前行，口袋里装的都是祝福；疲惫的人前行，口袋里装的都是烦恼。同样都是一条路走过来的人，只是快乐的人会把那些不必要的烦恼丢掉，而疲惫的人却选择把所有的烦恼捡起，让自己的心中装下了太多本不应该有的东西。这样一来，不知不觉中，这些烦恼和琐碎就把自己缠绕得动弹不得，这样的人生将会多么劳累啊。

没有人捆住我们，也就无所谓解脱。就像一个人虽然穿着鞋，却总是抱怨自己没有穿名牌，忘记了自己至少还有鞋可穿，这原本就是一件值得庆幸和高兴的事情。人生不如意的事十之八九，有的烦恼明明就是我们凭空给自己的捆绑。

如此看来，要想获得身心的轻松，并且实现内心真正的愉悦和安详，关键在于我们用怎样的方式去思考，抱着怎样的心态去生活。所以，我们只有卸去了那些消极和虚伪的思想，才能纯净而轻松地享受生活。

一念起，万水千山；一念灭，沧海桑田。我们应该放下自己不如意的东西，怀揣着一颗平淡从容的心去享受生活。

道家认为，人生在世，世间的烦恼事情数之不尽，有些事情你越想就越挥之不去。就像落到水瓶里的尘埃，如果你厌恶地去摇晃，那么尘埃就会充斥整瓶水中，一瓶水也会变得混浊不堪；如果你能够用宽广的胸怀去容纳那些尘埃，这样瓶子中的尘埃就会慢慢地沉淀下来，水的品质也不会受到污染。

水能包容万物，自然也能够包容烦恼和杂质。道家主张顺其自然，包括让烦恼也顺其自然；道家主张无为，包括对烦恼也采取不作为；道家主张"虚其心"，其中就包含让心虚着，没有心事才能体味生命的乐趣。

第十四章 ／ 绝不抱怨的态度
幸福常伴左右

　　不要让抱怨成为一种常态，负面情绪在你的头脑里恶性循环，幸福就距离你越来越远了。每个人都渴望着幸福，但总是觉得生活不够完美；每个人都渴望着成功，但总是卸不下生命的重负。直至有一天，你认识到残缺也是一种完美的时候，幸福就会来敲门。

◎ 抱怨是心魔，能毁掉你一生 ◎

　　我们在生活中总会遇到各种不如意的事情，在这个时候，很多人不愿意选择积极去应对，而是持有抱怨的态度。工作受到领导批评、工资赶不上物价上涨、孩子不听话……在我们身边，总会听到各种各样的抱怨。

　　殊不知，在不断抱怨的同时，他们已经为自己设置了一个又一个的绊脚石，让自己在前行的道路上举步维艰。

　　抱怨不能解决实际的问题，抱怨也不能帮你改变现状，抱怨唯一的结果就是令人心情糟糕、行动鲁莽而冲动。很多原本老实本分的普通人，由于无法克制自己的抱怨心理，结果抱怨酿成了冲动，因为抱怨而毁掉了自己的生活,留下了终生的遗憾。

小张是一个公司的白领,有着不错的工作能力,但唯一让人不快的就是她有很多的牢骚,每天总有抱怨不完的事情。无论是分配任务还是工作环境,就没有让她感到满意的地方。

刚开始的时候,一些同事还劝她看开一点儿。时间久了,大家也越来越疏离她了,因为她总是抱怨个不停。老板对于她,只能是睁只眼,闭只眼,因为她还有不错的工作业绩。3年过去了,她的工资基本上还是原地踏步,职位上,领导也没有提拔她。

这样一来,她的不满情绪更加严重了。她每天唠唠叨叨个不停:"老板这么小气,总想用最低的工资让我干最多的活。"于是,她开始消极怠工,对待工作也不那么认真了,唯一不变的就是抱怨越来越多了。不久,小张因为工作上不断出现差错,很快就被公司开除了。

一个对自己周遭不满、抱怨不止的人,内心就会被不满和气愤充斥,自己的脾气也就会变得越来越古怪,性格也容易变得偏激,结果就会导致无法理智地看待眼前的一切,最终毁了自己的一生。

如果我们能够克制住一时的冲动,让自己的内心安定下来,努力去改变现状而不是抱怨现状,那我们的一生将会变得精彩和顺利。

如果把个人遭遇到的不幸比作不小心划下的一道伤口,那抱怨就是不断地把伤口翻捡出来给人看,就是让伤口一次次地重复着流血。这样不仅对疗伤没有任何意义,更会重放自己痛苦的过程,最终让自己变得遍体鳞伤。

相反,如果我们在遇到不幸的时候坦然去接受现实。一旦我们把心魔牢牢控制在自己手里,我们就是自己人生真正的主人,就能够化抱怨为力量,重塑自己的人生。

刚毕业的强子一直没有找到合适的工作，在几经周折后，他去了一家保险公司做最基层的业务员。来到公司上班后，他发现大部分的业务员都是处于一种不安的现状但又无可奈何。所以，抱怨便成了业务部的主声调。他们不是抱怨工作难做就是抱怨待遇太低；不是抱怨老板对自己不重视就是抱怨客户太过无理……

不可否认，保险业务员是一份很辛苦、很让人头疼的工作。毕业不久的强子每个月只能拿着最基本的底薪。最初的时候，强子也是不断地抱怨，但没过多久，强子发现抱怨并不能解决任何问题，对他的处境也没有任何改变，于是他变得沉默了，开始仔细思考怎么去解决问题。

强子像变了一个人一样，他把全部的心思都放在对业务的熟悉和新客户的开发上。为此，强子还别出心裁，在社区里举办一场场保险知识的讲座，免费为小区居民讲解保险的相关知识。

终于，功夫不负有心人，社区里的居民对保险有了更深的认识，也对保险产生了兴趣，强子的工作一下子就变得轻松了很多。没过多久，强子的业绩便名列前茅，还受到了经理的重用，工资也有了很大幅度的提升，成了公司的顶梁柱。而那些依旧抱怨的同事还在拿着低薪，原地踏步。

习惯抱怨的人，其言乍听之下都是有一定道理的。但事实上他们是把问题的矛头指向了别人而不是自己，久而久之，人际关系也会变得紧张，不利于自己继续发展。一个习惯于抱怨的人在工作中往往也是一个没有生气和活力的人，也是与激情和热爱无缘的人，更是一个无法成就大事的人。

人的一生，没有完美。如果你想抱怨，那么生活中的一切都可以成为你抱怨的对象；如果心态平和，那你就会觉得世界的一切都是那么的美好与可亲。生命是短暂的，在有限的生命中，有人选择去享受自己的一生，努力将生活变得精彩而充实；有人选择了抱怨，让心魔占据自己的头脑，将自己的生活变得暗无天日。

选择的问题，其实就是心态的问题。无论我们在什么时候、在什么地方，都不要轻易去抱怨自己的人生。人的一生中没有假设、没有如果，如果计较太多，我们失去的就会更多。当我们遇到生活中的不如意时，可以把它想为生活给我们的垃圾。即使是这样，我们依然能够把垃圾踩在脚下，过上美好的生活。一个人来到这个世界上，走向美好生活的时候，没有人会在意你是踩着垃圾还是巨人的肩膀。拒绝抱怨，享受生活；拒绝抱怨，让自己的一生更加精彩。

我们在生活中总是免不了与别人产生摩擦或矛盾，但是每个人在选择冲动的同时，也可以选择忍耐。当我们放下抱怨、怒火和冲动，即使不能用宽容赢得一个宽松的环境，但是至少可以把我们的精力用在真正需要的地方。而抱怨和冲动不仅会使事情变得更加糟糕，甚至能毁掉我们的一生。

◎ 别让幸福在抱怨中溜走 ◎

我们都渴望着幸福，渴望着能够事事如意，渴望着人人和睦。经常有人劝告遭遇挫折的人：阳光总在风雨之后。其实风雨过后不仅仅有阳光，更可能有彩虹的出现。要想得到我们想要的幸福，最不应该做的事情就是抱怨。成功和幸福永远不会那么轻易地来到我们身边，今天的不幸只是通往幸福道路上的小插曲，而永远不会成为主旋律。

在我们身边，总是有一些人感觉不快乐，感觉不到幸福。在他们心中，正在遭受着痛苦的煎熬，而这些痛苦的来源不是身体，而是内心。因为他们总是沉浸在对过去的抱怨之中，就在这种抱怨之中，幸福已经从他们身边溜走了。

我们在漫长的人生路上看到的并非都是良辰美景、雪月风花。当我们遭到打击和挫折的时刻，不要抱怨，想到的应该是如何解决问题，而不是抱怨问题。因为在我们抱怨的时候，快乐和幸福就会在我们的抱怨声中溜走了。

在一个秋雨连绵的时节，一个年轻人在院子里被雨水淋湿了，但他只是一腔怒气地大喊："我恨你，老天爷！天天下雨，把我的屋顶给浸漏了，我的粮食也发霉了，柴火也淋湿了，甚至连我换洗的衣服都干不了。你让我怎么活呀，我诅咒你！"年轻人骂完后似乎仍不解气，依然怒气冲冲。不过，老天爷仿佛没有听到他的抱怨，雨依然没有停下来。

就在这个时候，一位老人打着伞经过年轻人的家。看到年轻人的所作所为，便对他说："你湿淋淋地站在雨中咒骂老天爷，并且骂得这么凶，老天爷生气了就会一直下雨。"

年轻人气呼呼地说："它才不会生气呢？它根本就听不到我在骂它，就算我骂了也没有多大关系的。"

"你明知道咒骂老天爷没用，那你为什么还做这种蠢事呢？"

一直骂个不停的年轻人哑口无言了。

老人又接着说："你与其在这里浪费力气去怨天尤人，不如撑起一把伞去把屋顶修好，再到邻居家借一些柴，把粮食和衣服烘干！"

在屋漏偏逢连夜雨的时候，没有柴火、粮食发霉的青年人的遭遇本来是让人同情的。但是，抱怨只是宣泄苦恼的下策，并不是解决问题的最佳途径。因为当你抱怨的时候，就已经把改变现状的机会浪费掉了。如果你不去抱怨，则可以把时间用在改变自己抱怨的东西上。

不抱怨，并不是说凡事要逆来顺受，而是在有限的时间里找到一种方法能满足我们内心对幸福的渴望，那就是积极地行动。只有行动，才能改变不幸的生活，改变抱怨的状态，因为当我们在哀叹自己不幸的时候，幸福也就距离我们越来越远了。

2004年5月的一个晚上，一位"半身人"用双掌撑地一步步地走向了一个体育场的主席台，他就是约翰·库提斯——一个天生没有下肢，但却用双掌走遍了世界上190多个国家和地区并做了多场演讲的人。此外，他还是全大洋洲的残疾人网球赛的冠军，是一个游泳健将。他甚至还学会了只凭两只手开车。

他在主席台上开始了自己的演讲："我一出生就是一个悲剧，出生不久的我两腿畸形，医生曾断言我活不过当天，可是我依然活到了35岁，并且在世界上的很多地方留下了我的足迹……"

他一口气讲了半个小时，其间的掌声就没有停止过。到了演讲的最后，他手里举起了一件东西，众人一看，是一双一次性拖鞋。当众人感到不解的时候，他说了下面的一句话：

"如果你能穿拖鞋的话，你是幸运的，你是没有资格抱怨的！不是每个人都有资格穿拖鞋的！"当这句话说完后，会场上爆发出了一连串的喝彩声，紧接着就是长久的掌声。

哲人说过："苦海是天堂，天堂也是苦海。"一些人生活在天堂之中，却总觉得自己的生活苦不堪言；而一些人的生活虽然在外人看来是苦海，但他们却生活得不亦乐乎。这所有的一切其实都取决于自己的内心。只要我们能够抛弃那些所谓的烦恼和杂念，并学着去适应和发现生活中的美好事物，那么我们就能够很快地摆脱抱怨的束缚，发掘到幸福快乐的真谛。

　　生活中从来就不缺少美，只是缺少发现美的眼睛。如果我们对自己身边的幸福视而不见，却苦苦寻觅所谓的幸福和快乐，那无疑是一种愚蠢的表现。生活就是这样，它在无形中就已经给了我们一定需要的东西，是追逐的目光和抱怨的心理让我们失去了驻足欣赏的心情。当我们在抱怨的时候，就已经失去了幸福。

　　有人说，抱怨就像鞋子里的沙子，你总会感觉行走在路上是那么的不舒服；抱怨就像厨房里的油，在失火的时候让我们更加焦头烂额；抱怨就像冬天的风，让我们在雪中瑟瑟发抖的时候，感觉更加寒冷。当我们摆脱抱怨的恶习，从恶性循环中解脱出来的时候，我们就能够抓住属于自己的成功和快乐。

◎ 改变自己，改变世界 ◎

　　一个人作出改变，那是因为他想去改变了，而很多时候，我们总是在抱怨他人，这种行为的结果只能是让对方愈发坚持现在的行为，不肯轻易放弃。

　　在大多数人的习惯中，看到的只是他人的缺点，而自己却习惯做一个站在云端的智者。可是如果我们总是以这种眼光来看待周围的人或者事，那怎么能让别人完全信服？面对种种不如意，我们必须及时地调整自己，与其把希望寄托在外部，不如反求诸己。因为只有自己改变过后，才能看得见别人的改变。

　　富兰克林有过这样的结论："最好的训诫就是以身作则。"而甘地是这么说的:"我们必须活出其他人想要效仿的样子。"

有这样一个小故事。

曾经有一个人,在他少年的时候,立志要改变整个世界,后来发现做不到;到了青年的时候,他立志要改变国家,后来发现同样困难重重;到了中年,他试着改变家人,但结果同样是失败。当生命走到了尽头,他才恍然大悟:如果一开始就先改变自己的话,他很可能就改变了家人,进而改变国家,甚至有一天可以改变世界。

在我们身边,有太多这样的例子,一些人的眼睛总是习惯于盯着别人,总是抱怨着别人怎样怎样,却始终没想过如何改变自己。其实,我们很难改变别人,与其不断地抱怨,不如通过改变自己来影响别人;与其苦思改变别人的种种途径,不如通过让自己变得更加杰出来征服别人。这样做不仅可以达到预期的效果,甚至能够改变自己,使自己得到长久的进步。

美国成功学家金·洛恩说过这么一句话:"成功不是追求得来的,而是被改变后的自己主动吸引来的。"

一位演讲大师正在紧张地准备下一次的重要演讲,可是他的小孩却一直在旁边捣乱。心烦意乱的他找到一幅世界地图,唰唰几下就把地图撕成几片,然后对调皮的儿子说:"如果你能把这张地图拼好,我给你5块钱买糖吃。"于是小孩便高高兴兴地捧着一堆碎纸片走出去了。演讲家心想:终于把烦人的孩子给弄走了,那张撕成碎片的地图估计够小孩忙活几个小时的,那自己便可以安心地准备下一次演讲了。

可是还没有等演讲家静下心来思考自己的演讲主题时,小孩就跑了进来,说地图已经拼好了。演讲家接过地图一看，果然严丝合缝。父亲大为吃惊：这个孩子是怎么办到的呢？儿子笑着说："这不难啊，地图的反面是一个人头像，我把人头像给拼接好了，反面的地图自然也就拼好了。"

演讲家眼前一亮，在他的心中，已经有了下一次演讲的主题：一个人是对的，他的世界也就是对的。

生活就是如此，要想让事情发生改变，抱怨起不到任何作用。而我们要做的就是学会改变自己，因为要想让事情变得更好，首先就要让自己变得更好。如果我们感觉我们的世界不对，那是因为我们自己不对；如果我们感觉到的是愤怒和抱怨，这不是世界的错，只是因为我们还不够好。

古人有云："君子求诸己，小人求诸人。"一个聪明的人往往知道通过改变自己来影响和带动他人，而缺乏智慧的人总是想着改变他人来达到自己的目的。

我们常常看错世界，反而说世界欺骗着我们；我们常常企图让别人改变，但往往事与愿违。这个时候，我们要考虑的不是对方有多糟糕，而是自己究竟缺少了什么。一个成功的人永远不会说成功是自己追求来的，而是在改变自己后成功自动找上来的。

总想着抱怨的人，他的世界是天昏地暗的，只有改变自己才能晴空万里。自助者天助，自弃者天弃之，生活是势利的，同样也是公平的。

◎ 摈弃生命中不能承受之重，做个平凡人 ◎

太多的时候，由于我们过于在乎别人的眼光，从而使自己活得过于沉重。很多人都把自己的人生追求寄托在别人的称赞之上，希望自己在别人眼中变得足够优秀，希望自己变得不平凡。事实上，优秀的人总是有限的，而平凡的人才是日常生活的绝大多数。成绩再辉煌的体育运动员终有退役的那一天；如花的容颜也有衰老的时候；万贯的家财也会有终结的一天……

花园里的小草是卑微的，但它依然有自己的快乐。在美丽的花园里能够结识更多的朋友，同样拥有阳光和雨露，这原本就是一件幸福的事情。哲人说："人们的一切痛苦都来自不切实际的需求。"这句话也可以理解为：人们的一切幸福都来自对现状的满足。倘若小草不甘平凡，整天羡慕着那些拥有美丽花瓣和叶子的鲜花，它自然会怨天尤人，不满自己竟然是一株微不足道的小草，在这个花园里没有任何地位，渐渐地，它的生活就会被怨气和烦恼占据。

小杨曾经是国内一名优秀的舞蹈演员，是团里的顶梁柱。但一次演出的意外让她不得不结束自己的舞蹈生涯。医生诊断说，小杨的腿伤不会影响正常的生活，却不能再进行高强度的舞蹈了。旦夕之间，小杨从舞蹈家变成了一个家庭主妇。

在很多人看来，已经习惯了喝彩和掌声的小杨一定受不了这种平淡无奇的生活。但小杨一直告诫自己："从前我是个舞蹈家，但同时我也是个普通人；现在我是一个家庭主妇，仍然是个普通人，我没有什么变化。"

随着时间的推移，小杨发现了很多过去没有经历过的乐趣。过去的她没有时间逛街，不能吃高热量的东西；没空看有趣的书籍，因为舞蹈团的日程安排很紧，就连她和丈夫打电话都要节约时间。现在就不同了，她有了足够的时间散步，陪伴家人，夫妻的感情也越来越融洽了，她甚至还做了一次一年多的旅行。

几年过去了，来采访她的记者并没有看到预期中唉声叹气的艺术家，而是一个笑脸盈盈的女人。小杨说："人们都害怕普通，其实，当好一个普通人，就是最大的幸福。"

有得必有失，曾经的舞蹈家在成为一个普通人之后，找到了普通人的乐趣，享受作为一个平凡人所能享受到的幸福。恬淡的心情、温馨的家居生活、甜蜜的爱情，只有在这种"普通"的氛围中，小杨才是最真实的自己。

风光有风光的好处，普通也有普通的乐趣，人生只要用心去体会，总能寻找到一种与生活和平共处的最佳模式。

一群游客到了法国去参观一个花园，花园里花团锦簇，打理得井井有条。随行的导游小姐说："这里之所以有如此美丽的环境，完全归功于一位老年花匠。"于是，一名丹麦游客去拜访了那个老花匠，决定出高薪聘请他到丹麦去发展。

让丹麦游客没有想到的是，这位花匠说："我喜欢自己的工作，我暂时还不想离开这里。"而当丹麦游客再次仔细看这位花匠的时候，他惊呆了，原来，这位令人钦敬的老人就是法国前总统密特朗。

一般外国领导人退休之后，大多数人忙着演讲或者做生意，而赫赫有名的法国前总统却做了一名普普通通的花匠，修建了一座美丽的花园，这是一种怎样的心境啊。从法国最高领导者变为最普通的劳动者，能承受这样的落差，说明密特朗先生是一位生活的智者。

　　过重的压力只能让我们的脊背越来越沉重，只有卸下那些不能承受的重量，我们才能够活得潇洒自在。任何一个人所能承受的压力都是有限的，如果非要紧紧攥住不放的话，我们又怎么能够轻松地前行？

　　大多数人所不能承受的重量，往往是由于对别墅、名车的追求，也就是对物质生活的过度向往。其实，物质上的财富并不像很多人想象的那样重要。在心理学中，物质财富是一种很差的衡量快乐的标准。大多数情况下，人们并没有随着社会财富的增加而变得更加快乐。所以物质财富并不能给我们带来很多的快乐，我们需要的是当我们觉得人生的重负已经让自己不能承受时卸下它们。

　　人生在世，平凡就好。有人以遍尝美食为乐，有人以饮遍美酒为乐，有人以与家人朋友相伴为乐，有人以父慈子孝为乐。人生苦苦追求的就是快乐，而苦苦地奋斗，就是为了达成那个能让自己快乐的目标。而这些如果是我们不能承受的重负，我们就应该把那些负担放下，轻装上阵。在任何时候，我们都要珍视和感恩现在我们所拥有的，哪怕是很平淡的平凡，只要能够带给我们快乐，那我们就是幸福的。

◎ 对他人要求太多，只会让自己不幸 ◎

我们总在抱怨现在的生活环境质量差，可我们是否想过，我们为低碳生活做了什么？在可以不开车出行的日子里，我们还是拿起了汽车的钥匙？

我们总是抱怨老板工资给的少，可是我们是否想过，我们自己做了多少，究竟值不值得老板给那么多？

……

太多的时候，我们都习惯严于待人，宽于律己，如果我们一直这样，那么只能是让自己更加不幸。

一位富翁到了晚年，钱财积累得越多，他的疑心也越来越重了，总是感觉周围没有多少人是真心实意对待他的。于是，他想出了一个自认为很巧妙的试探方式：装病。

几天之后，一位老朋友从远方赶来看他，富翁失望地对朋友说："现在的人怎么都这样？他们对我的情感都是虚假的，我的几个孩子听说我病重，一直在商量着如何分我的财产；一些生意上的伙伴听说我病了就幸灾乐祸，觉得少了一个竞争对手，等着看热闹。"

这位老朋友听说后，就问了一句："那我现在是不是也是一种虚情假意呢？"老富翁连忙说："不是，你是我最好的朋友，我只和你说这些。"朋友继续说道，"你觉得别人不够真诚，那你首先就不够真诚，你通过装病来试探别人，谁又能对你真心实意？"

富翁的想法没有错，做法却是值得商榷的。他总是用怀疑的眼光去看待一切，得到的肯定是否定的答案。他总是对别人要求太多，最终让自己痛苦不堪。他从来没有想过，一个连自己生病都可以造假的人，又怎么能换取别人的真心呢？

人心就像一座花园，如果不把花园的门打开，别人怎么知道花园里万紫千红、美不胜收？而把自己花园的大门紧闭，却希望别人能够了解自己，这怎么可能呢？

A不喜欢吃鸡蛋，每次有鸡蛋的时候，A都把鸡蛋留给B吃。刚开始的时候，B非常感激A，久而久之，B就慢慢习惯了，总觉得理所当然。突然有一天，B发现A把鸡蛋给了C，B就觉得A已经变了。他们大吵了一架，最终绝交。

这是生活中的一个典型例子，一些人总是觉得别人对自己的付出都是理所应当的，而恰恰没有想过自己是不是对别人要求太多。一个人对我们好，刚开始的时候我们会觉得感激，当习惯之后，我们便觉得这是理所应当的。突然有一天出现任何的一点儿意外，我们就会大怒。其实，不是别人不好了，而是我们要求太多了。

我们都有着向他人要求的心理，总是希望我们的要求能够得到满足，而当我们有这种想法的时候，谁会来满足我们呢？我们总是觉得别人给予我们的太少，并为此而痛苦，反思一下，那我们是不是对别人要求太高了呢？

试想一下，如果我们每个人都想着别人应该对我们怎么样，那社会怎么能进步呢？当我们以这种心态与别人交往的时候，或许别人也正是以这种心态来对待我们，那双方的结果只能是彼此都输掉。

任何人都是世界上独一无二的，没有谁必须要听从我们的安排，也没有谁一定要服从我们的指挥。如果我们总是一味地要求别人，久而久之，我们身边的朋友也就会越来越少。

一些人总是觉得，别人对他们付出是一件理所应当的事情，一旦不能满足自己的这种欲望，他便觉得自己是世界上最不幸的人。可是，当我们回头想想，我们有什么资格要求别人那么做，对我们那么好呢？

我们虽然有朋友，但友谊的存在是在危难之时的扶持，而不是挥霍朋友对我们的信任。

我们虽然有爱人，但爱情的存在是相濡以沫的长久，而不是摧残爱人对我们的包容。

我们虽然有家人，但亲情的存在是我们享受人生的美好，而不是剪断彼此的联系。

对他人要求太多，只能让自己陷入一种孤立无援的状态之中，慢慢就会迷失心智，变得暴躁，在哀叹自己不幸的同时却得不到任何人的同情。

◎ 残缺也是一种完满 ◎

很多人都会觉得自己生活得很辛苦，日子过得特别累。究其原因，就是因为他们都是完美主义者，他们试图将一切都做到最好，试图拥有没有瑕疵的人生。且不说实现起来有多么困难，单单是各种完美的目标就让人目不暇接。一旦实现不了，他们就会抱怨，不敢坦然面对自己的缺陷。

追求完美能够让人完善自我，这没有什么过错。但这个世界上，是否真的存在完美的事物呢？当我们花费了大量的时间和金钱，却始终无法得到一件十全十美的物品时，我们会不会抱怨。会不会重新审视自己呢？

缺陷和不完美是必然存在的，关键是我们如何面对自己的缺陷。如果选择自卑、抱怨，为了那种不完美的错觉抱怨不停的话，那么我们的人生就会充满了愁云。如果能换个思路，面对缺陷和不完美，勇敢地去接受，并将微笑挂在脸上，保持良好的心态。失意的时候，不夸大缺陷，不埋怨残缺；得意的时候，也不否认缺陷的存在。人生可以在缺陷里寻找完美，也可以在完美中遗留下缺陷，如果不能领悟到这一点，那么我们未来的生活就会有更多的缺陷。

对于一个急需找工作的人而言，什么是最重要的？丰富的个人经验还是较高的学历？肖暮用自己的实际经历给出了答案。

在重新找工作之前，他只是一家小公司的业务员。为了寻求更好的发展空间，肖暮去了一家待遇优厚的大公司面试。面对激烈的竞争，肖暮突然觉得有些难以招架。几经思量之后，他决定奋力拼搏一次。

在面试的当天，肖暮在自己的简历上花费了一些心思：在这份简历中，除了自己的工作经历和业绩，他另外还单列了一栏介绍自己的一些缺点：性格急躁、做事固执等。面试官看到这份简历，觉得很诧异，因为在他的职业经历中，还没有一个求职者如此大胆和直白。

面试官问肖暮："为什么你要把自己的缺点告诉我们，不怕我们因为这个拒绝你吗？"肖暮诚恳地回答道："世界上没有完美的人，对于缺点，它一直在我的身上。但是我想让用人单位了解我的缺点甚至比了解我的优点更为重要。并且我认为敢于把自己的缺点暴露出来的人，才会有勇气去改正。"

面试官被打动了，打心底里赞许这个年轻人，于是便说："虽然你的简历不是最优秀的，但你是最坦诚的。我们公司需要的正是你这样的人，下周一来公司上班吧。"

肖暮的成功就在于他正视了人生的不完美。面对残缺，不抱怨的态度才是一个人应有的姿态。没有完美的事物，当我们太在意一件事情是不是完美的时候，结果很可能会失败。

一个非常幸运的人得到了一颗硕大而美丽的珍珠。这是一颗近乎完美的珍珠，唯一的缺陷就是在珍珠上有一个小小的斑点。这个斑点让他觉得非常遗憾。他一直想，如果能把这个斑点去除的话，这颗珍珠就完美了。于是，他刮去了珍珠的一部分表层，但斑点依然存在；他又刮下一层，斑点依然存在；他又狠心刮去了一层，但斑点还是存在……于是，他不停地刮磨珍珠，最后，斑点没有了，而珍珠也不复存在。这个人一病不起，在临终的时候，他无比懊悔地对家人说："如果当初我不去计较那个小斑点，那么我手中现在还攥着一颗硕大美丽的珍珠啊！"

其实，在我们手里，都会有这样一颗美丽的珍珠，只是太多时候我们过于追求完美，只看见珍珠上面微小的瑕疵，却忽略了它闪亮的光芒。

我们可以换一个角度来思考：不断地追求完美的过程就是一种不完美。哲人曾说过，我们只能无限度地接近完美，却永远达不到完美的地方。在生活中，各种失落和痛苦就来源于过分追求完美。如果我们不肯正视这种残缺，过分去追求完美，那无疑是一种自寻烦恼的方式，就像那个不断去除珍珠斑点的人，最后肯定是最痛苦的。因为在他的眼中，看到的永远是不完美，最终只能是两手空空。

　　一个人的一生总会有各种不如意，那些抱怨生活的人是体会不到生活的美好的。过失和缺憾原本就是人生的重要组成部分，只有经历了这些，人生才会变得完美。我们想要拥有完美的爱情和亲情，想拥有一个完美的人生。其实，人有悲欢离合，月有阴晴圆缺，即使我们看着永恒不变的星星也会有消亡的一天。

　　不完美的人生才是人生。只要我们抱持一份从容的心态就会发现一个"完美"的人生。如果你错过了清晨的日出，但仍然可以欣赏美好的落日；如果你错过了如花的春天，秋日的果实依然会让你心动。